天珠寶典

THE DZI BEAD VALUABLE BOOK

作者简介

邢玉田，男 出生于 1940 年

- 著作有《望而知之》系列丛书一套 10 本，由中医古藉出版社出版
- 北京环球启明国际文化有限公司秘书长
- 国际天珠协会总策划师
- 高级天珠评估鉴定师

简政荣，男 出生于 1958 年

- 北京市昌平区政协委员
- 毕业于清华大学机械系
- 中国汽车保修行业协会副秘书长
- 中国交通部设备协会副理事长
- 全国工商联科技装备商会副会长
- 北京环球集团董事长
- 中国十大企业策划家

雷 静，女 出生于 1964 年

- 美中贸易发展协会 大中华区副主席办公室主任
- 美国旗袍协会副会长
- 国际天珠协会副秘书长
- 高级天珠评估鉴定师

天津宝典

陳香梅题

美国国际合作委员会主席

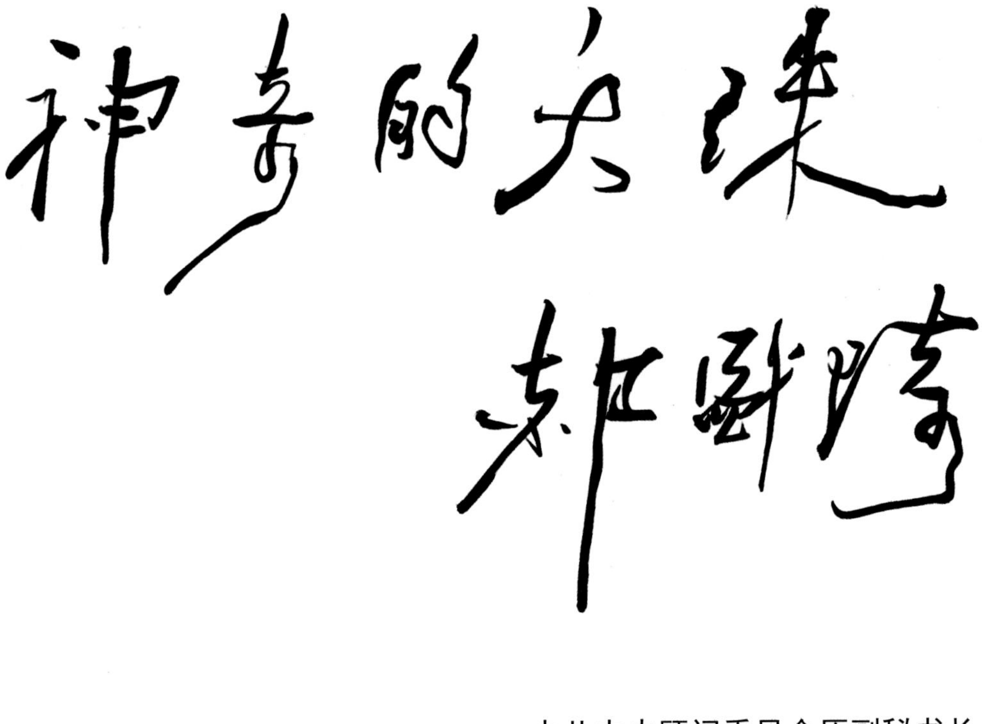

中共中央顾问委员会原副秘书长
中共中央书记处办公室原主任

国家扶持

吕明

2014.7.26.

中国城乡发展协会会长
国家扶持项目中心执行主任

工黨（臺灣）中央黨部
台灣兩岸關係發展促進會
台南郵政 2-2 信箱 TEL:886.6.2434353 ming669988@gmail.com

祝賀　國際天珠協會　成立誌慶

天珠事業
再創輝煌

工黨（台灣）中央黨部　黨主席
台灣兩岸關係發展促進會理事長
鄭昭明

2014 年 10 月 1 日

台湾工党中央委员会主席
台湾两岸关系发展促进会理事长

挖掘我国民族文化，

讓世界瞭解中国。

国际企业联合会创会会长

世界华人协会副主席

海峡两岸科技开发交流促进会副会长

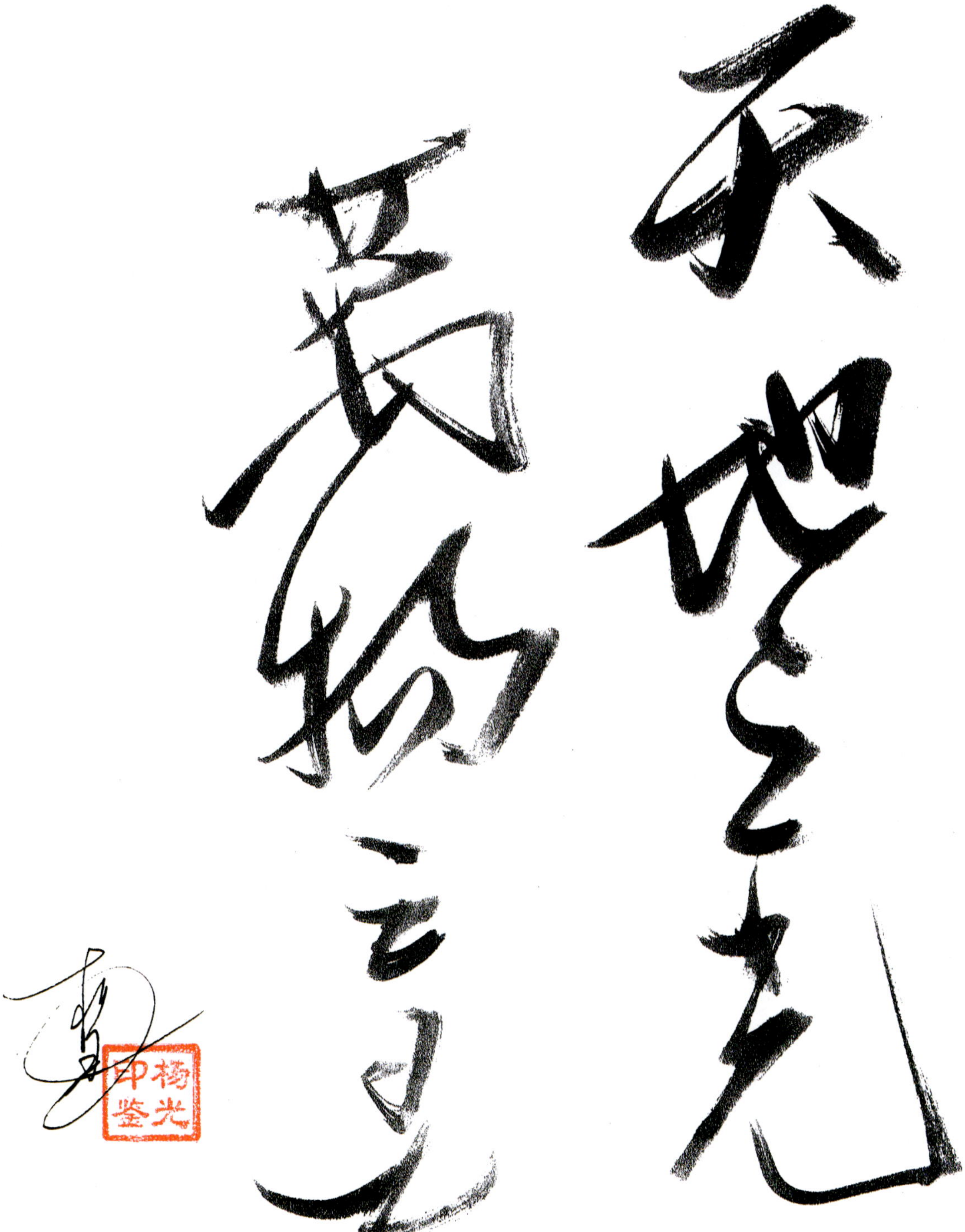

美国 J.STREICHER CO 亚洲主席

天作之合

天珠天外之物蕴含宇宙正能量

協會協進諸賢構建未來大格局

泰国正大集團　謝奂題

泰国正大（中国）企业有限公司总经理

天珠是神奇的宝物

荣伟

2014.8.20.

荣氏国际联合体有限公司总裁
泰德荣氏（国际）促进会会长

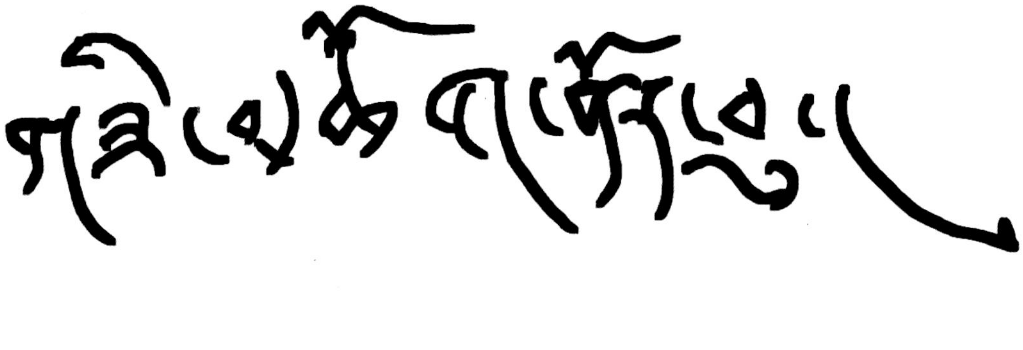

洛嘎仁波切　题

青海康国寺第十七世洛嘎仁波切

《天珠宝典》编委会

弘扬民族文化

神奇的西藏，给我们留下了神奇的天珠；神奇的天珠，给我们留下了无数个神秘的故事。

天珠来源的每一种传说都承载着人们对天珠的真挚厚爱；担当着对天珠灵力愿望的托付；每一种传说都希望让天珠神秘能量幻化世间，展示给对天珠崇尚的人们。

可以说，是天珠参与了藏民族古老文明的缔造；是天珠承载着几千年的日月精华，生生不息；是天珠记录着芸芸众生的生命轮回，喻人积德行善；是天珠证明着历代大成就者的功德，教化于民。是藏民族将天珠做为对天神、对佛崇拜的圣物世代相传。

目前在世界的各个角落还未见报道，发现类似天降石老天珠的材质，那就是说，几千年来没有替代品，不能仿造，不能复制，那么它就是绝无仅有，独一无二的宝物。

此书用大量详实古籍资料，用大量天降石老天珠的实物，向读者证明了“天降石老天珠”的发展始末与本教兴衰有着密不可分的关系。并向世人证明了藏族先民祖祖辈辈珍惜、尊崇，发自内心供奉敬仰的天珠不是天神的恩赐，是本教时期的产物。这一发现，让古老天珠制造工艺，不再是无源之水，无本之木。不会再相信天珠是天神降至人间的神话。只要认真研究、挖掘本教历史，相信那古老失传的天珠制造技艺，会重现人间。天珠的年代分类也就一目了然。这一发现，在天珠史上起到了划时代的作用，

序

关于天珠，我与本书作者有着共同的理解和情趣志向。为本书作者运用大智慧，捕捉大灵感，放眼大视野，抒挥大手笔，把人们带进了那片令人神往离天最近的世界之巅而惊喜；那既有深明酣畅、又勇于真言潇洒俊逸的写实精神，把天降石老天珠的神奇神话诠释得令人神往；把天降石老天珠神奇奥秘诠释得令人梦想拥有。

此书读后让人震撼，让人鼓舞，让人联想那书就像能招引凤凰品质高洁的梧桐树一样，能吸引来自世界各地的专家、学者、收藏家们共同弘扬发展博大精深的天珠文化，让天珠事业走向世界。

让天珠文化走向世界

弘扬中华民族文化，让世界了解中国，让天珠文化走向世界，是天珠爱好者、收藏家、研究者的共同心愿。

天珠是靠它特殊的魅力、灵验的功能、诱人的磁场、独有的文化，得到人们的认可。一旦拥有一颗传说中的至尊老天珠，立即就会被天珠深不可测的内涵所吸引，就会尊崇它，敬仰它。至今为止，还没有任何一个物件能像天珠那样被人推崇到不可思议的程度。佩戴者都希望人生、事业、生命像天珠传承一样久远。

凡见过至尊老天珠内部图片的人，无一不交口称赞、拍案叫绝。那天珠外观，不仅古沉深邃、润滑柔腻，而且内部还让人惊叹不已。红花沁鲜美娇艳、淡蓝色的水沁像深海中长满珊瑚、月白色的条带像银河缀满繁星。几乎无法确定它是什么物质，说它是玉，且能切割玉的表面；说它是宝石，表面却没有像翡翠那样炫丽多彩的颜色；说它是陨石，很多陨石又不具备称其为至尊老天珠的特质。以前，天珠缘起的历史除了猜测传说外，一切都显得苍白。至尊天珠横空面世，终于让人们知道历代藏民对天珠崇敬的原因。

称天珠是神奇的圣物、是超自然之物、是天神的吉祥物、是自然生成或上天赐予的宝物，一点都不为过。说天珠能够驱邪避凶、消除家庭事业一切不利因素、调和五行、增强内气、吸日月星辰及天地灵气、能护佑持有者获得意想不到的福报，这一切是经过无数佩戴者亲身验证的结果。

《天珠宝典》在介绍人们似乎已经淡忘了至尊老天珠的同时，还向人们

前言

介绍了大量详尽的天珠知识，让天珠爱好者、收藏家、研究者对天珠有了进一步的了解。同时展现了大量鲜为人知的至尊天珠显微图片，那些直观上看没有透明感，强光下也没有什么变化的珠体用高倍放大镜观察会发现，鲜艳夺目的红花沁，朵朵熠熠生辉，片片绽放异彩，那图片会让你心旷神怡、荡气回肠。

《天珠宝典》为读者展示了天珠独特的外表、深邃内涵、厚重历史和美丽的传说。这一切都应归功于天珠所含有的丰富翔实、包罗博广、深遂浓郁的神奇色彩文化；归功于天珠本身质地至尊的无上品级；归功于小巧玲珑、易于佩戴的缜密设计；归功于至今依然令人迷惑不解、未被破译的制造工艺；归功于来自雪域的扑朔迷离、纯朴笃实、优美动听、代代相传天珠由来的传说。

《天珠宝典》的出版，会将天珠文化推向世界，会让世界掀起研究天珠文化的新高潮。

我们将联合所有天珠爱好者、收藏家、研究者共同探索至尊老天珠神奇的功能，挖掘制作失传技艺。以便将天珠文化发扬光大。

编　者

目录

第五章　天珠的种类

第九章　天珠趣谈

附：部分天珠常用词解释

后记

第一章

天珠沟沉

天珠的神奇，就是让每一位有所求的人都能实现梦想。

天珠的历史，就是将几千年来对天珠描述的只言片语、神奇美丽的传说以及所有天珠的记载、汇聚、梳理起来，让更多人了解天珠。只有探索天珠历史，才能了解天珠整个的发展阶段和进程，才能了解几千年来天珠传承为什么经久不衰、为什么一直被人们敬仰、尊崇，那是因为天珠有着博大精深的文化，有着至今还没有研究透彻的历史。

天珠爱好者、收藏家、研究者的责任就是要为天珠谱写一部可以传承、可以弘扬的历史。

——编者

第一节　天珠缘起

我们不是史学家，我们只是从历史的角度寻觅关于天珠缘起，寻觅对天珠有影响的文化。

天珠的起源可追溯到公元前3000年至公元前1500年之间，阿利安人在印度古国所遗留古老文献《吠陀经》中就有古瑜珈理义、咒术、神祇和图腾等符号的记载，而这些符号都与天珠的图形有关。

有人将天珠视为是原始社会与宇宙通话、与各种自然神灵通话的图解。有人认为，天珠的图腾就是“十三念神”符号，以及由不同“念神”符号组合起来对自然现象进行神化的解释。

天珠，具有富足、庄严、高贵、优雅等多种寓意。她是藏民族的珍宝。具有化危难保平安，求富贵带好运等功能与作用。古时只有达官贵人才能拥有，是身份的象征。

一、从苏美尔人珠子开始

史学考证，5000年前，美索不达米亚有一种在桔红色珠体上绘有白色条纹的避邪宝珠。有人认为那就是天珠。但那并不是现在我们书中所认知的至尊老天珠（也称天降石老天珠）。其材质与具有图腾寓意的天珠大相径庭，其图形简单、工艺粗劣更不能与本书要论及的至尊老天珠相比，再加上那种绘有白色条纹的避邪图案，与天珠文化图腾相去甚远，我们只能将这种珠子看做是天珠发展的原形。

很多人认为天珠产生于美索不达米亚，这是因为他们有超出常人想像的创造能力。早在公元前3500 年他们就创造了楔形文字。学界衡量人类文明产生的标志，是以出现文字作为一个重要标准。称美索不达米亚是人类文明的摇篮，是因为楔形文字的发明，丰富了人们的精神世界，改变了美索不达米亚的社会结构，对周边民族产生了极大的影响。认为天珠是苏美尔人创造的也是可以理解的。更何况从乌尔王陵中挖掘的两棵镶蚀玛瑙珠确实让人惊叹。这两棵珠子距今已有4600年的历史，以后没有再发现这么久远的珠子，更没有机会见到4600年以后珠子的演变过程，但我们不能因为没有更多的实物验证，就否定了美索不达米亚珠子留给后人的影响。所以我们认为苏美尔人的珠子，就是天珠的启蒙。

二、雍仲本教赋予的天珠文化

（一）天珠产生雍仲本教创始初期

探觅天珠历史的人大多都从辛饶米沃开始，因为他是被公认的本教创始人，是象雄的王子。

他在改革原始本教的基础上创立了雍仲本教。在《朵堆》、《赛米》、《光荣经》等经典著作中对他的一生（1岁至80岁）都有精要概述。其中14岁、21至30岁、32至45岁所做的事情都与天珠的研发有关，后人将天珠缘起归功于辛饶米沃也就不足为奇了。

史料记载，辛饶米沃14岁时就至力于调伏众生的事业，在佛教里“调”就是调理的意思，调理身体健康，心态平和清净，“伏”是降伏着自己的坏习气。

天珠产生于雍仲本教创始初期，产生于象雄古国。雍仲本教的很多仪规、标记都与天珠有密切关联。

关于本教产生的年代，虽然众说纷纭很难稽考，但本教历史久远，至今无人可否认。学术界认为辛饶米沃（雍仲本教创始人）生于距今4000年前左右。有学者更精确地说，辛绕米沃诞生于公元前1917年。（其实距今4000年前与生于公元前1917年的时间与距今的时间没有多大区别，只是说法不一样。）辛绕米沃出生年代虽然不是天珠爱好者研究课题，但从辛绕米沃时期的文化中，可嗅出天珠起缘的味道。从现存的至尊老天珠断代分析，发现至尊老天珠渗透着至少3000多年的历史。

当我们深度追究天珠的出处时，发现雍仲本教创始人辛饶祖师制定的五大明学科，才是培养天珠制造者真正的园地，可以说天珠就是那些精通工艺的艺王拉旺、精通涂抹的羞秃巴桑、精通工匠的神匠由巴、精通绘画的神子白玛等身怀绝艺的超级大师们代代相传的杰作。大师们汲取了《阿达婆吠陀》的咒术，将治病法、长寿法、增益法等多种波罗门法溶化于天珠图腾。将《阿达婆吠陀》的咒法中以息灾、增益等对幸运与退除对敌之调伏二义咒文为其主流。又将《金刚顶经》系统中的敬爱、钩召溶入，成为五种法。这五种法至今仍然是天珠文化的核心，这就是天珠文化的基础。

（二）将“雍仲恰幸”能量符号溶入到九眼天珠

雍仲本教工巧明的大师们将“雍仲恰幸”（“卍”）万字图形的本义：无变无灭、胜义无生、世俗无灭、降灭邪见、引入解脱，溶入到九眼天珠，充分展示了用作九眼天珠线条图腾的寓意。

“卍” 是藏地十分常见的吉祥物。认为是宇宙的中心，是顺应日月星辰的自然转向。似银河系四条美丽的旋臂，体现了“永恒不变”、“善妙”、“吉祥”之意，

“卍”雍仲这个符号象征着集中的能量。九眼也体现了“九乘次第”无上圆满。从这里我们找到了九眼天珠在人们眼里珍贵的原因。并不是因为眼多，而是喻意深厚。

（三）追究本教历史寻找天珠缘起

多少年来，人们一直为天珠制作工艺的失传所迷惑，直到史学家对象雄之迷也未能破解之时，才使天珠研究者恍然开悟，断定天珠的制造工艺是随着象雄王国文化消失而消失。本教泯灭，象雄王国解体，本教信徒被追杀得四处逃亡，精通工巧明技艺的高僧们不愿改变固有的信仰，不愿意改弦易辙，便将技术带走，坊间毁坏，致使天珠制造业一度失传。

本教为研究者提供了老天珠兴衰的几个阶段，本教与吐蕃王权高度结合。也是象雄王国的繁盛历史，是本教达到至尊繁荣的顶峰。

据《西藏王统记》、《朵堆》等典籍记载，辛饶弥沃对过去原始本教进行了许多变革，创建雍仲本教，首先创造了象雄文字，并传授了“五明学科”：工巧明（工艺学）、声论学（语言学）、医学、外明学（天文学）和内明学（佛学）。

研究者认为雍仲本教的《甘珠尔》就是藏族一切历史、宗教和文化的滥觞与源头，是研究藏族古代文明的极其珍贵的资料，这也是任何藏文化研究者都无法绕过的一块重要领域。

研究发现，本教文明产生的年代久远，传播地域广阔，对藏族文化的形成和发展都有着极其深远的重要影响。

这就是认为天珠是辛饶米沃时期的产物缘由。但至今也没有发现证据，也不见史料记载，这一说法只是推测。

虽然在阿里“穹窿银城”城堡遗址，考古学者发现了120多组古代建筑遗迹，出土了大量陶器、石器、铁器、骨雕，但并没有发现出土天珠的记载。然而不可否认，从这些出土的器物能看出这里曾是一个繁荣的部落、这里发现的大面积土葬古墓群，和西藏崇尚天葬的丧葬习俗迥然不同，出土的青铜双面本尊雕像，其风格也与现代藏传佛教的造像完全不同……这一切都说明，在佛教传入之前，在所谓西藏正史之前，青藏高原早就存在着一个辉煌的文明，这个文明就是象雄文明。

2013年7月，中国社会科学院将古象雄佛法象雄大藏经汉译工程列入重点科研课题，并对此项工程的历史意义给予高度评价说：“要了解西藏文化，必先了解象雄文明，要研究藏传佛教，也必先研究雍仲本教，否则探究越深，离真相可能越远。”

三、天珠在象雄王国得以发展

考古学研究，象雄王国在公元前10世纪就已在青藏高原崛起。史学家一直认为古老的象雄产生过高度文明。在吐蕃王朝建立前，为青藏高原最古老的大国，文化发达，人口众多。它不仅形成了自己独特的象雄文，而且还是西藏传统本教的发源地，对后来的吐蕃以至整个西藏文化都产生了深刻的影响。象雄王朝鼎盛之时，曾具有极强的军事力量，其疆域包括了青藏高原的大部分地区、青海和四川的一部分、以及西部的克什米尔和拉达克。从象雄王朝鼎盛之时的疆域看，那时西部的克什米尔和拉达克等地已经是象雄王朝领地。以此推测，天珠是象雄时期的产物，是本教工巧明工匠的技艺，是就地取材的结果。格萨尔王打开珠宝库应是象雄王国消失前留下的宝物。

直到史学家在象雄之谜中宣称青藏高原才是最早的文明中心，这才引起天珠研究者的重视。

几乎没有一件佩戴之物，能像天珠那样有着不可思议版本繁多的传说，天珠已经超出自身图腾喻意的范畴，天珠已经成为可以言情的古董，可以阐述的文物。

第二节　天珠传说

一、天珠灵力传说

（一）传说天珠是诸佛愿力化成的宝石

很少有天珠爱好者怀疑至尊金刚亥母、曼殊室利佛等佛用天珠拯救灾民的传说，那是大慈大悲善巧方便诸佛所发的无上心愿，是诸佛菩萨用他们身上佩戴的璎珞，化作天珠为解救众生发的无上愿力。那是让人敬慕、让人心悦诚服的愿力，是让天珠爱好者最值得欣慰、值得感激的。读下面几则故事，就不会心存疑惑。

一则说，那时在喜马拉雅山区有位邪神，出没无常，每隔一段时间就会降灾人间，引发大瘟疫。大成就者至尊金刚亥母，悲悯世人，为消除瘟疫在天上修法降下天珠。天珠所降之处瘟疫即除，并且具有消灾去厄、百邪不侵、避邪护佑作用。

金刚亥母消除瘟疫的手段是以降下天珠的方法达到消除灾厄、百邪不侵的。可见当时天珠在人们心目中的地位，同时也不排除天珠确实具有护身、护法的保护作用。

一则说，相传在公元三千多年前，喜马拉雅山区诸国，发生空前大瘟疫，百姓死伤无数，灾情十分惨重。当时文殊菩萨的前身“曼殊室利佛”正好经过喜马拉雅山上空，亲眼目睹百姓遭受瘟疫荼毒的惨况，心中顿时无限悲悯，便撒下“天华”救渡遍地灾黎。“天华”坠落田间、原野或山区，捡到“天华”的灾民，疫病就渐渐好转乃至于痊愈。而那落下的“天华”就是人们现在所称的天珠。

这段传说与金刚亥母降下天珠消除瘟疫的内容相同，只是这一段则是文殊菩萨前身曼殊室利佛所为。但是降下天珠消除瘟疫的目的一致，事件一样，又一次证明了天珠在消除瘟疫时的作用。类似的传说在西藏各地各有不同版本流传不绝。

（二）传说天珠是本教的除魔法器

天珠是本教的除魔法器。在藏传佛教传入西藏之前，本教的法师会在墓园里修行，修行到了一定境界就会有天珠掉落。

（三）传说天珠是天神所遗弃的饰物

天珠是天神的饰物，因有了瑕疵不再为天神所爱，便遭天神遗弃丢落凡间。有缘份的人才能拾到天珠。藏人相信天珠为天神所有，并具有神力，能驱邪避魔、消灾解厄。在藏人眼中天珠是天神恩赐。

这段传说或多或少的给天珠收藏家、天珠爱好者带来了稍微的不愉快，因为他们所珍藏的天珠竟然是天神遗弃物件。另一方面也为后人难以找到完好无损的天珠找出了理由。

（四）传说阿修罗用天珠制造武器

传说天珠是阿修罗用以对付帝释天的武器，帝释天是传说中天神界最高统治者。阿修罗是六道之一，宫殿在须弥山北大海之下，天龙八部中各神都有自己的名号和职位。本应相互配合、相互团结，可是阿修罗不但骁勇善战，而且又不听释尊之言，故被视为非神、非天、非人之物。

因为阿修罗有美女而无美好食物，帝释天有美食而无美女，所以阿修罗常常率部和帝释天互相妒忌抢夺，时有恶战，但大战的结果，阿修罗被打败，上天入地，无处可逃。

虽然阿修罗的叛逆精神不是我们探讨的内容，阿修罗的骁勇好斗也不是我们研究的范畴，但是，阿修罗造天珠作武器的这则传说，对研究天珠出处的爱好者来说也增添了一些乐趣。

阿修罗竟然以天珠作武器与帝释天打斗，足见天珠在八部中的地位。同时也给天珠敬奉者增加了对天珠威力的信任感，给天珠研究者提供了一丝可以借鉴、可以考察的线索。

二、天珠出处的传说

（一）传说天珠是从天珠泉里流出来的

相传在阿里日土附近的一座山上，在斜坡处有天珠泉不断地流出天珠。但是现在人们看不到的原因是有一天，一位带邪眼的魔女，向天珠泉施法，此后天珠泉不再流出天珠。据说，至今在当地尚能见到黑白条纹形成的天珠图案，明显标出以前天珠泉的位置。这是在西藏流传最广的说法。

（二）传说天珠是浮游生物

天珠原是海里的浮游生物，有外壳与肉身就如同贝类海螺一样，可以自由移动。后来由于喜马拉雅山造山运动，使原本的海都变成陆地，而这些浮游生物因为缺水导致肉身干枯而死，其外壳成为天珠。

（三）传说天珠是昆虫的化石

天珠是干僵的虫尸体，是昆虫的化石，或是大鹏金翅鸟结晶的化石。

（四）传说天珠是会飞、会跑、会爬的虫类

◎天珠会飞、会跑，经喇嘛的衣袍打下或覆盖后固化成型。

◎在西藏有几处称为天珠草原的地方，有福报的人，可以见到天珠在草原上翱翔，这种会飞的天珠被捕捉后就变成化石。

◎天珠是由灵虫化成的。在天珠穴里刚挖出天珠是活的，见光后蠕动一阵子才静止不动。

◎天珠是由“虫”所固化而成。骑马时遇上，虫会停止移动，此时须马上抓起地上的砂子往

“虫”的身上洒，“虫”即会固化成天珠，假如沙粒没有洒中天珠，那“虫”必定会消失不见。

（五）传说天珠是成串像蛇一样的生物

天珠成串型似蛇般：天珠成串像蛇一样移动时，一经人类碰触就停止不动，拾起后便成一串天珠。

（六）传说天珠是田间拾获

◎埋藏在地下的天珠，经长时间的地层变化，而被农(牧)民拾获。
◎天珠在牛羊群的排泄物中发现。

三、天珠的来源传说

（一）天珠是大食国（即波斯）国库里的宝石

◎天珠是大食国的宝物。格萨尔王攻打大食国时，阿扎王无条件投降，并拱手打开宝库献出各种宝物及多种不同形状的天珠。

（二）天珠是太空掉下来的陨石

◎天珠是外太空掉下来的陨石，落在原野上，经修行者修法研制而成为天珠。

传说，约四千年前，一颗巨大的火星陨石撞击在喜马拉雅山域，撞击力加上高温混合在玛瑙矿内崩炸散落，在飞奔的过程中受到大气气流的影响，形成独立体碎石。人们为了便于携带将其磨圆、打孔，形成今天我们所见到的天珠。

（三）天珠是印度石头绘制而成

天珠是喜马拉雅山上的一对夫妇把印度一种特殊的石头涂上色彩花纹。由于这种画工非常困难，并非一般人可以学习运用得宜。自从这对夫妇去世后，并未将这种技术流传下来。

（四）天珠的替代品产生原因

各种传说虽然有人为的色彩，但经过天珠研究者多年不懈努力探索，用现代科技手段不断验证，证明了天珠历史非常久远，而流传于世的天珠也非常罕见，但天珠的神奇作用、美丽的传说使至尊老天珠变得更加神秘，藏民们可望不可及，于是便产生了至尊老天珠的替代品“人造工艺天珠”。

天珠是住在喜马拉雅山上的一对夫妇，把印度一种特殊石头涂上色彩花纹，经点化，而成为灵光四射绚丽多彩的天珠。因为绘画技法高深，常人无法能运用得宜。所以，这对夫妇去世后，并未将这种技术流传下来。

天珠是藏族几千年的文明标志，也是密教中表示密乘终极的象征物。当今天珠已受到内地人甚至世界各地人们的钟爱，成为护身、修持、保健的饰品，成为地位、财富的象征。

第三节　从历史记载看天珠

一、吐蕃赞普对天珠的认识

（一）松赞干布与天珠

松赞干布（617-650），他的一生，功绩卓著。统一了青藏高原，建立了强大的奴隶制政权，促进了吐蕃政治、经济、文化的发展。吐蕃赞普时期的全面发展，将藏族人民引入了团结、繁荣、富强的时代，还沟通了与唐朝的友好关系，推动了汉藏民族文化的交流与发展。为后来西藏正式纳入祖国版图和统一多民族国家的建立，奠定了坚实的基础，做出了巨大贡献。

藏族历来十分敬重松赞干布，他不仅被视为观音的化身，而且是有口皆碑的三大法王之一。

松赞干布非常欣赏唐朝的富庶与繁荣。于贞观十五年（641）迎娶文成公主。文成公主入藏，将佛教和内地各种先进的科学技术和文化带到了高原，进一步促进了西藏经济文化的发展。同时，还携带一尊由印度赠送给大唐的释迦牟尼12 岁的等身像到西藏作为陪嫁（现供奉在西藏拉萨大昭寺释迦殿内）。后来这尊佛像送到西藏后，镶上一百多颗珍贵的天珠，有九眼天珠、宝瓶天珠（也称圣怀天珠或永生天珠)、两眼天珠和三眼天珠等等。

这尊佛像至今仍在拉萨大昭寺的释迦殿供奉。有幸能见到这尊佛的旅行者也同样能见到佛像上装饰的天珠。

唐贞观二十三年（649），松赞干布被唐高宗封为驸马都尉、西海郡王，后又晋封为賨（cóng）王。并镌其像于石，列于太宗昭陵。永徽元年（650），松赞干布病逝。

（二）赤松德赞与天珠

赤松德赞（公元742-797年）是吐蕃在政治和佛教方面最有贡献的赞普。公元756年成为赞普。周边邻国都接受他的命令。这个赞普时代，吐蕃王朝领地非常广大。吐蕃王朝到达鼎盛。

从史书记载推测，老天珠再度盛行年代，当属格萨尔王时代后期。因为西藏最初的三位大师（寂护、莲师、赤松德赞）将桑耶寺建成之时，得到犹如初生小动物般的18颗天珠，认为是有非人之助。从这则记载中，可以看出公元8世纪左右天珠非常珍贵且稀少。

能看出那时并没有天珠坊间，不然寂护、莲师、赤松德赞三位当时的顶级人物得18颗天珠，就不会认为是非人之助。

二、古代藏区对天珠的记载

天珠爱好者，没有不知道格萨尔王（生于公元1038年，殁于公元1119年，享年81岁）攻打大食国获得天珠的故事。格萨尔王打开大食国宝库，从镶有五种宝石（砗磲、青白玛瑙、松耳石、青金石、红宝石）的宝盒中，获得一佰一十万五千六百颗各式各样珠宝。其中对获得天珠数量的记载最为详细：有宝瓶天珠五万零六百颗，三眼及其他天珠有三十九万多颗。算起来天珠共有四十四万零六百多颗。就是这些天珠，自格萨尔王以后一直流传至今。

格萨尔王将所获得的天珠，先供养三宝并献给天、龙、妖三护法及西藏地主居住的四大山，后又分给马康岭和岭土格萨尔工的八个属国，再分发给战士及百姓，剩余的天珠分别埋藏在各地做为未来西藏财富受用的根基。

有很多传说都能联系起来，如传说藏人能在草原上发现天珠，能从牛粪中发现天珠，让人们联想到这些天珠就是格萨尔王当年埋藏留给后人的。埋在地下的天珠经风吹日晒露出地面，牛吃草时将天珠也吞到肚里是有情可原的。

但是这部分天珠不能说是格萨尔王时代的天珠。那是在大食国放置很久了。格萨尔王很清楚天珠是珍奇的宝物，不然也不会花那么大功夫一颗一颗地数得清清楚楚，还要分类登记，足见重视程度。

经过多次反复推敲论证，格萨尔王缴获的这批珠宝里的天珠，应是象雄王国消失前留下的宝物。

可以说，天珠是象雄王国留给后人并让人折服的证物，老天珠的制造工艺精妙绝伦，老天珠特殊能量等等一切都在证明着象雄王国顶峰时期的辉煌。

老天珠可能是打开象雄王国之谜的一把神秘钥匙。

三、唐朝对至尊老天珠的记载

早在 1300 年前，《新唐书》里就记载藏人喜欢戴“舍舍珠”（天珠藏语音译）。这段简短的文字说明在唐代，天珠就已为人所知了，欧洲人劳弗于 1913 年撰写了《东方绿松石考证》，引用《唐书》上的一段陈述，说明最高品位的藏族官员肩上披挂着一串串“瑟瑟”，摆放在金银之上。

《新唐书》的文献表明“瑟瑟”是“珍贵石头”，“吐蕃妇人辫发，戴着瑟瑟珠，云珠之好者，一珠易一良马。”足见瑟瑟珠价格不菲。

《新唐书、吐蕃传》：“（吐蕃）其官之章饰，最上瑟瑟，金次之，金涂银又次之，银次之，最下至铜止，差大小，缀臂前，以辩贵贱。”吐蕃贵族与中原文化以玉以珠标志身份是一样的，“瑟瑟”即指天珠。从此文中不难看出，天珠在当时就具有举足轻重的地位。

藏人一直称天珠为“瑟”，但现在研究者还没有证实这种天珠是从哪里来的，产于何处。这两则记载让我们知道天珠在当时是很贵重的宝物。也不是人人都能持有的。

四、国外藏学家对天珠的研究

内贝斯基.沃捷科维茨(1923—1959) 是国内外专家学者公认的奥地利藏学家。

1948 年毕业于维也纳大学，获博士学位，留校任教，供职于该校人类学博物馆。

1950-1953 年参加希腊和丹麦王子彼得组织的中亚考察队，在印度和锡金边境地带收集资料，对藏传佛教的护法神产生强烈兴趣。通过在噶伦堡的达多仁波切、詹东仁波切、齐美仁增等三位活佛的指教，得到大量藏文资料，最后在藏人尼玛的帮助下写成《西藏的神灵和鬼怪》一书。此书在1956 年出版后，受到国际藏学界的重视和好评。

内贝斯基.沃科维茨博士在其《西藏的史前珠子》一文中讲述西藏西部阿里地区的一个传说：天珠起源于茹多克附近的一座山上，遇上大雨天珠如溪流般地沿余坡泻流而下。有一天，一个巫婆用“邪恶的目光”盯着那座山，于是天珠马上停止流淌。直至今日，在天珠不断流出的地方还可以看到颇具特色、黑白条纹相间的瑟珠。

内贝斯基.沃科维茨博士在其著名的论文《西藏的史前珠子》中说，西藏东北部居民不断地报道在那一地区古代葬墓中偶然发现了与箭头一起出土的瑟珠。

根据内贝斯基博士的说法，在西藏各地、不丹和拉达克据说都发现了瑟珠，但在锡金和尼泊尔从未发现过。据说不丹一度是瑟珠的主要来源地。内贝斯基在1952年撰写论文时说他在康区有了更大的发现。他还说拉达克瑟珠都是沉重劣质瑟珠，多指型一蚀刻玛瑙珠。

德国著名的温斯腾博士经过对自己收藏的几百颗天珠进行研究，于1980年初写过一本专著，叫《藏族的瑟珠》。在这本书里，这位终身为天珠痴迷的博士审慎地断言：“仅就加工技术而言，藏族瑟珠是蚀刻玛瑙珠一种。”而蚀刻玛瑙珠加工方法是这样的：先在珠子表面套上有图案的模具，然后喷上碱水进行蚀刻，继而用火烧烤，这样就使珠子表面附着强碱处变成了永不褪色的白色。温斯腾博士介绍蚀刻玛瑙珠的加工方法，很像型二珠制法。

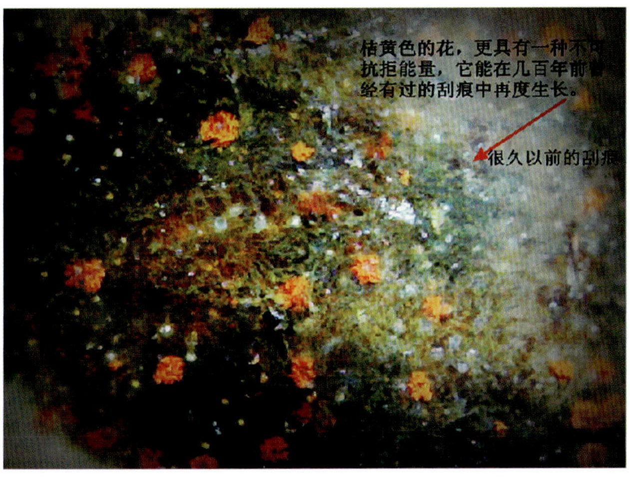

天珠的发展与吐蕃王朝兴衰有密切关系，天珠文化是随布教在西藏传播的历史而发展，天珠的图腾是随天珠史三个阶段的变化而变化。

第四节 天珠发展的几个阶段

至尊老天珠发展的“三阶段”是新提法，也是对天珠发展、起缘的最新认识。《天珠宝典》的问世，让爱好、欣赏、研究天珠的人们重新思考、重新认识天珠。要承认，真正的天珠是“至尊老天珠”。可以说“至尊老天珠”是天珠的鼻祖，这是不容置疑的。人们世世代代所尊崇的天珠只是“至尊老天珠”。它是从天而降的陨石冲击到地球上热液成矿特殊的材质，人们习惯称为天降石。其材质坚硬细腻，不透光或半透，内部有变幻莫测的沁色，翡翠、玛瑙等任何材质都无法比拟。

一、本教前期（时间约为公元前10世纪至公元前2世纪）

辛饶米沃创建的本教，在整个藏区流播长达几千年的历史。对藏族社会产生过深远影响。在吐蕃第八代国王止贡赞普时期遭到迫害。赞普王驱逐本教徒。这是本教史上的第一次法难。

本教史家将本教的始创到止贡赞普灭本叫做本教“前期”。在此期间，本教的主要内容仅限于一些祈福消灾、拔祛邪恶的原始仪式。

本教“前期”本教与吐蕃王权高度结合。这种结合被本教史家称为“王本同治”。

天珠产生因为有辛饶祖师制定的五大明学科，使天珠的制作工艺代代相传。这种技艺一直在本教内部熟识工巧明的工匠们流传着，外人很少知道天珠的制作工艺，一直延续数千年。这段时间约在距今3000年至2300年左右。天珠史将本教及象雄王国兴起时期的天珠称为第一阶段。这时期生产的天珠，就是我们现在认定的“至尊老天珠”。这是至今无法仿制、无法再生的绝品，是宝石之外的宝石。当用显微摄影观察内部图像时，会发现有一种超自然抽象的色彩，映衬着宇宙苍茫景象、展示着海底万千变幻。很少有人会想到天珠的内部世界竟然超越了自然的美感，天珠的灵动会摄化了人的灵魂。

二、本教中期（时间约为公元前2世纪至公元8世纪）

中期从止贡赞普卒后开始，到8世纪中叶赤松德赞灭本为止。该时期的本教被称为“恰本”，意为“流动的本教”。恰本是本教发展的第二个阶段。

在松赞干布时期，吐蕃的宗教信仰仍以本教为主。其后，松赞干布征服了象雄，为了进一步稳固自己的统治、提高和强化自己天神之子赞普的地位，一改过去崇本而转为崇信佛法，并以观音菩萨化身自居。引进了佛教，开始了本教与佛教并存的时期。两者相互排斥又相互吸收，形成了你中有我、我中有你的局面。

中期本教确立了雍仲本教三界论的主导地位，建立了本教教祖独立的宗教地位。随着莲花生大师被迎请到吐蕃而日渐繁盛。在赤松赞普时期，两教举行了经文辩论，本教失败，自此在斗争冲突中处于下风。

8世纪初，赞普赤热巴巾更是拥佛抑本，许多本教教徒被迫改宗佛教或迁出吐蕃腹地，史称“第二次法难”。

目前，藏史学界对于聂赤赞普的在位时间其说不一，有人说在公元前3 世纪，有人说在公元前2世纪，但认定聂赤赞普是吐蕃王朝第一王统是没有争议的。从发现的“至尊老天珠”的实物看，这期间出现了与3000年历史不一样的“至尊老天珠”。这种不一样的天珠从至尊老天珠工艺上能看出明显区别。

前期的天珠体现着“王本合一”天珠文化，而在中期本教就如史学家所说，是“流动的本教”。相当一段时间是本教与佛教并存，两者相互排斥又相互吸收。使天珠文化处于动荡不安状态。直到赤松德赞采取了兴佛抑本的政策后，本教前期的天珠文化渐渐隐退。本教前期制作天珠的工匠们带走了不外传的秘密工艺。这时期的天珠材质区别不大，但有一种特殊工艺却如何也过不了关。从传承角度讲，给天珠传承带来损失，但从历史角度却证明了任何文化都是为政治服务的，天珠文化自然也不例外。这时期因为王权的需要，天珠品种多了，也有了等级之别。

所以就把这类天珠归为天珠史第二阶段。这段时间约在距今2300 年至1200 年左右。

三、本教后期（时间约为公元 8 世纪至清末或民国前期）

（一）本教发展的一个重要阶段

天珠史的第三阶段是朗达玛灭佛后，经历百余年的天珠荒芜期。朗达玛在位是公元838年至公元842 年期间。

朗达玛是针对佛教的佛、法、僧三宝来摧毁佛教的，时间虽然不常，但对佛教的打击十分沉重，以致西藏佛教史把朗达玛时代以后的近百年称为“灭法时期”。

在这约百年之久的时间，在朗达玛禁佛以后，经过近一个世纪的混乱局面，直至10世纪后期，整个西藏地区社会逐渐稳定下来，佛教方得到复兴和发展。本教再也无力在西藏的中心地区恢复往日的兴盛局面。

（二）15世纪至清末天珠理论混乱

由于至尊老天珠数量稀少，有高僧或达官显贵珍藏者，也很少面世，致使第三阶段人们见不到传说中神奇的天珠。因而产生了一批对天珠有独到见解的大师们，如藏药“宿喀娘尼多吉”（1439-1475）大师研制了“人造天珠”以取代天珠用药，并著有《天珠制造》一书，一时人们开始追捧药用天珠；噶玛巴等整理的《天珠说》对天珠功效大加赞赏；贡钦 . 晋美林巴（1729-1797）推崇天珠石，使天珠石名誉大增；提玛格西 . 旦增平措（1673-1746）在《晶球晶珠》提出天珠浸泡一夜后的凉水缓解血疾，饮用后可驱除凶曜之病，人们到处寻找此类天珠。此时人们对天珠的尊崇导向产生了猜疑，对天珠美学观点，也产生了天翻地覆的变化。

公元17世纪五世达赖(1642-1682)至第巴桑结嘉措执政大规模修建大昭寺时期，市场上流传的多数是这时期的工艺天珠，也就是所谓“至纯天珠”至今约500余年。

第三阶段的新天珠产生概念是比较混乱的，约在公元十六世纪，战火纷飞，教派混乱，因清朝对五世达赖的重视，奠定了在藏区政界佛界的特有地位。各个寺院都经过了整治，当然对各种工艺品的制作要求，更是要精益求精，对工巧明的要求也是如此，所以这期间第三阶段的天珠生产处于茫然，给商家造成了生产新天珠的机会。很多地区出现天珠制作坊间。

可以说，现在流行推崇的天珠就是这一时期生产的天珠。

四、新天珠与老天珠区别

清末至民国期间，多采用玛瑙、红玉髓、蛇纹石代替存世量在数万以上的新天珠，制造者多是商人顾用的工匠。

关于天珠新老的问题一直争论不休，其实新天珠是老天珠生命的延续。如果没有新天珠出现，老天珠的生命是有限的，也谈不上天珠的兴旺发达。所以真正关心天珠事业发展的人就不会歧视新天珠。

近几十年是新天珠活跃了天珠市场，让千千万万人知道了天珠。

因为至尊老天珠奇缺，市场上给予新天珠纷至沓来的机会。人们把很多天珠的神秘传说都加冕在新天珠上。但是新天珠不能与至尊老天珠同日而语，不可相提并论。

新天珠内部结构简单，没有红花沁、黄花沁、绿苔沁、 黑斑沁、灰斑沁、钙化白斑沁等多种沁色，没有宇宙磁场的能量体，没有神奇的能量圈。就是喻为品相上乘的新天珠内部也只有黑白两色而已，个别的能显示出玉髓材质牛毛纹，蛇纹石材质的雪花纹。

新天珠透明者多，尽管在仿制期间，试图将通透的珠体染黑，但珠体两端还是有透光的地方。

有一度，人们曾以天珠有没有朱砂点来断定天珠的新老程度。很多后来制作精美，材质上乘的天珠，因为没有朱砂点，而被冷落。这当然难不倒天珠制造商，于是用激光在天珠上制造出很多朱砂点。这办法曾经让很多人看走眼。就是西藏几家曾经可以用天珠做贷款抵押的银行，也取消了这一制度，可能他们有过凭借有无朱砂点判断失误的案例。

如果见过至尊老天珠多种沁色，那么任何高超的仿制都会变得多此一举。所以《天珠宝典》一书向读者展示了大量的图片，主要是让天珠爱好者、收藏家，鉴赏家了解什么是至尊老天珠（至尊是一种品相级别，用以区别至纯，至尊多指天降石类的上乘天珠）。

天珠市场是爱好者、收藏家、鉴赏家、天珠经销商共同打造的市场，每个人都有权利和义务维护天珠市场健康有序的发展。

第四阶段的天珠是民国以后至今，也就是人们更多见到的玛瑙材质，玉髓材质，蛇纹石材质以及料器类的天珠。

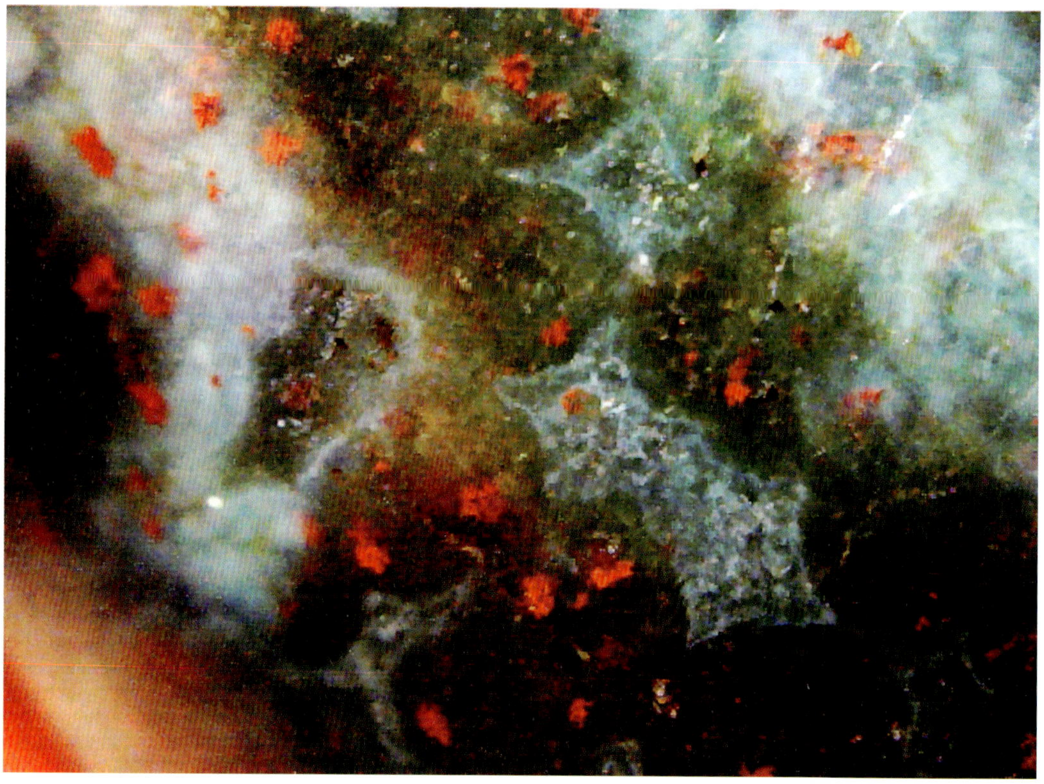

气印欣赏

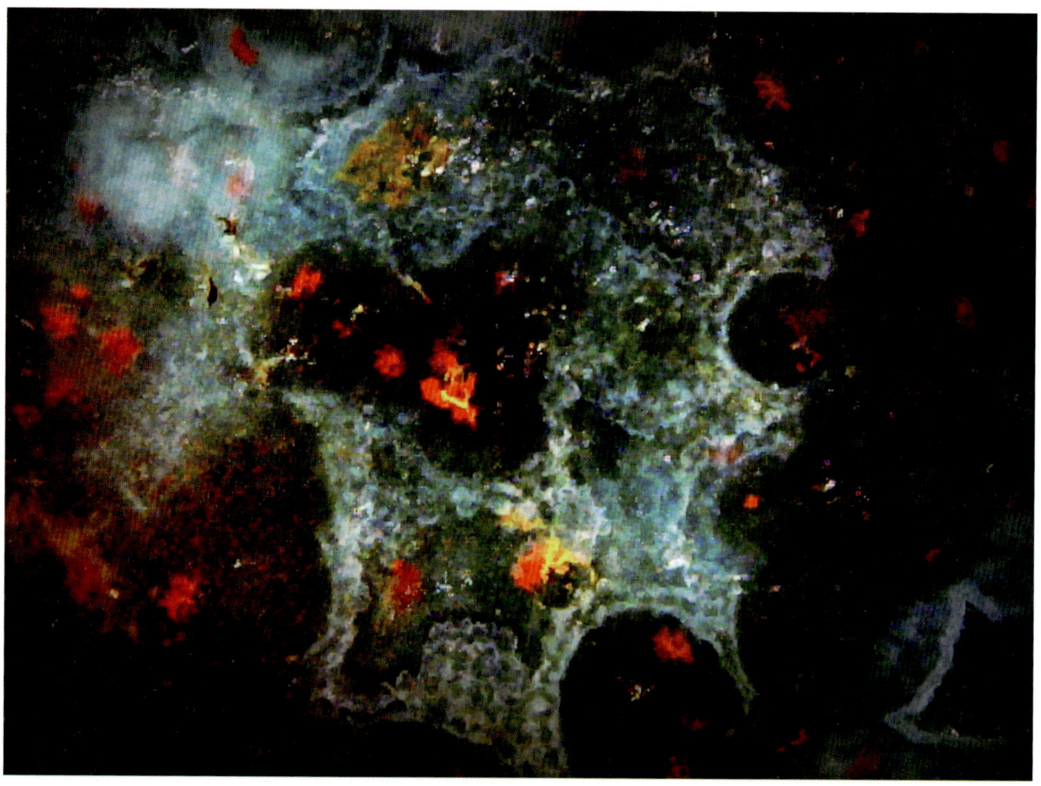

第二章

天珠图腾寓意

图腾文化，是人类历史上最古老、最奇特的文化现象。图腾观念，是能激发人的想象力和创造力的灵魂。图腾文化包括图腾名称、图腾标志、图腾禁忌、图腾仪式、图腾信仰、图腾圣物、图腾圣地、图腾神话、图腾艺术等等绚丽多彩的图腾形式。

有人将天珠的图形符号，视为是天珠的图腾。天珠的图形符号本身就有着神秘高深的寓意。

——编者

第一节　天珠的图形

关于本教历史其说不一，从发现的天降石天珠角度看，我们倾向本教在公元前10世纪诞生在西藏阿里地区，是由辛饶弥沃大师创立，距今已有3000多年的历史之说。

天珠图腾与本教对自然崇拜有着紧密的联系。本教认为，创造宇宙的成份是由水、火、地、风四大元素构成，用圆形、三角、方形的图案将整个世界的缘起现象，物理现象、化学现象以及生物现象等相联系，这种种现象似乎与佛学思想息息相关。

天珠的图案造形，是沿袭运用古印度婆罗门教的护摩法，又附与密宗“五轮法界塔”的象征意义而成形。“宝珠”表示敬爱，能成就权威名望；“半月”表示铭召，能唤起精神意识；“三角”表示降伏，能降伏魔障敌人；“大圆”表示息灾，能平息灾难罪障；“方形”表示增益，能境长福德智慧。此为天地万物一切的根本。

一、天珠图形的意义

（一）天珠中的圆形　“○”

天珠中圆形符号（“○”）代表“太阳念”，代表天空或太阳，形同上天部（金刚界）的符号，是如来智慧德相。喻示宇宙现象周而复始之理。象征日、月、星所散发出来的无限光明。代表防止灾难、转化噩运、消除障碍；表示事业、运气都能向好的方面发展。

（二）天珠中的方形“□”

天珠中方形符号（“□”）代表“地念”，代表大地，是众生之根基，形同大地之母（胎藏界）的符号。有增益功能。“□”方形，是自然界一切物质所产生出来的力量（磁场），具有凝聚及增强的作用。象征水、火、风所构成的事业契机。用“□”形符号来祈求事业顺利、财源广进、福禄双全。

“方圆”即是宇宙（上下四方，周而复始），并以图腾意念的方式来表现宇宙景观和诸佛菩萨的境界。

增长福德智慧。凡祈求一切事宜，如健康延寿、财源广进、加薪升官、福禄等事事具应。

（三）天珠中的三角图形“△”

天珠的三角有降伏作用。象征精、气、神所显示的微妙生命力。是人体本身之血液循环系统，为创造人体能源的基础。

用三角“△”形符号来代表祛除邪恶、降伏魔障小人，除去邪恶的精神妨害。折服对方，调伏他人的恶心恶念，使之向善信佛慈悲为本。

从佛教角度解释，无论大德高僧、喇嘛活佛、还是常人百姓若佩戴上述各种图腾的天珠不但可以消灾增福、治病祛邪，还能圆满功德，诸事顺意。

（四）天珠中的半月·铬召

天珠中半月形符号“D”是祈求圆满健康、建立与人交往能达成良好关系愿望，能唤起精神意识。

铬召及摄召法，是摄召五方如来的光明，加持自身的一种方法，多与敬爱法在一起。

（五）天珠的宝珠形状

宝珠形状即近似橄榄形。

天珠的宝珠形状是敬爱，成就权威名望的标志。能让佩戴者心悦诚服：

◎圆满一切人际关系；

◎增进人与人之间一切善缘；

◎让人人受到爱护和尊敬；

◎达到婚姻美满，夫妻合睦，家庭温馨；

◎能让上司欢洽，升官调职。

这五种愿力概略了天珠本身图腾意念的义理和本源。

（六）“卍”字图形的喻意

天珠中“卍”符号，是古象雄国的图腾符号。是古代的符咒、护符或宗教标志，是太阳、火炬、流水的象征，寓意光明、无畏、永恒不变。

在世界性的“卍”等各种变体文化符号中，包含着极为丰富的文化内涵，具有“卍”等各种变体符号文化哲学的意义。“卍”符号贯穿于古今人类的整个物质生活和精神社会之中，认真梳理和解读“卍”等各种变体文化符号的衍生脉络，以及对中华民族世界观的影响，无疑有着特殊的文化意义。

人类诸文明创制了多种文化符号，这些符号都各有深意。然而，就昭显“和谐”精义而论，可以溯源于“卍”字符及其不同变体。而“十”和“卍”字符崇拜则是生命和祖先崇拜的静态和动态表现形式，其寓意阴阳和谐、日月同辉和生命轮回。其中，“卍”字符使用频率最高。本教往往以“雍仲”自诩，“雍仲”是藏语对“卍”字符的读音，寓意“吉祥不到头”。“卍”字符里加四个点，寺庙建筑寓意“风、调、雨、顺”四大天王，民居建筑寓意“福、禄、寿、喜”四大吉兆。

“卍”字符是世界上最为古老的符咒、护符或宗教文化标志，在古代埃及、波斯、希腊、印度、欧洲、西亚及阿尔泰语系民族中，普遍存在“卍”字符崇拜，它除了宗教以外，在世界的不同时期、不同文化中具有不同的象征含义，而且很多不同的式样，因此变体很多。在世界各地文化区域，先后发现很多“卍”字符的考古实例和各种变体，“卍”字符崇拜在许多民族中十分盛行，是一个源远流长的原始文化信仰符号，其中融合了原始宇宙观和原始的人本主义思想。“卍”字符，几千年来一直在流传着，生活在这个地球上的各个民族中几乎都可以找到，它象征着吉祥之轮和神灵护佑，也代表生命以及四季的交替。“卍”字符代表的东西很多，“卐”在德国是纳粹党徽象征，“卍”在雅利安人是争取胜利的斗争使命。早在遥远的新石器时代，“卍”字符便已经产生和存在于世界上的许多地区。如早在公元前5000年左右的西亚美索不达米亚时期的陶器上，便发现有“卍”字符；古埃及最早的“卍”字符可以上溯到公元前三千纪，见于埃及第十二王朝时期域外的塞浦路斯和卡里亚陶器残片上；而在古印度，“卍”字符很早就遍见于各处，在雅利安人入侵印度（公元前二千纪）前，当地印度土著通用的银币上便采用“卍”字符作为标记。

本教中心魏摩隆仁，其标志是九级雍仲山，山顶为一块水晶巨石称为坛城，卍字符号即是雍仲山外观的变形。

这些古老的图案造形，亦即包含宇宙运行和人类的思维，也就是这样左右了人类的思想和行动。

二、 天珠上的部分图案来自本教十三念神

天珠，是原始本教的崇拜物及符号，有人叫它“象雄图腾”不无道理。各种“念”的符号交织在一起，就成了本教信徒与宇宙通话和与各种自然神灵通话的图解。天珠的眼纹就是借用了不同“念神”符号组合起来对自然现象进行神化的解释。

本教十三念神为太阳念、月念、星念、云念、虹念、风念、地念、雪念、海念、崖念、木念、水念、石念等。它主管着阴、晴、风、雪、雨、风、云、雷、电等大自然现象。

从宗教角度解释，佩带这些符号的天珠不但可以消灾祈福、治病祛邪，还能圆满功德。

天珠的眼纹从宗教的意义上而言，应离不开佛教“五眼”的范围，“五眼周视、四魔怖摄”。所谓五眼是指肉眼、天眼、慧眼、法眼及佛眼。但从目前在国内及港澳流行的一般分类，仅将天珠的眼纹分成普通眼、金刚眼及佛眼三种。计算天珠眼纹简便的方法，即：

1、白线环绕所形成的黑（棕）色部位，其开头不拘，均可称为眼；

2、天地珠“○”、“□”形状统计在眼中；

3、金刚眼加三对虎牙、称为三金刚眼六虎牙；

4、线纹、龟背纹、以线的条数、龟板块数为眼数；

5、不规则的变形天珠，其眼的计算参照“（1）”去确定。

沁色图片欣赏

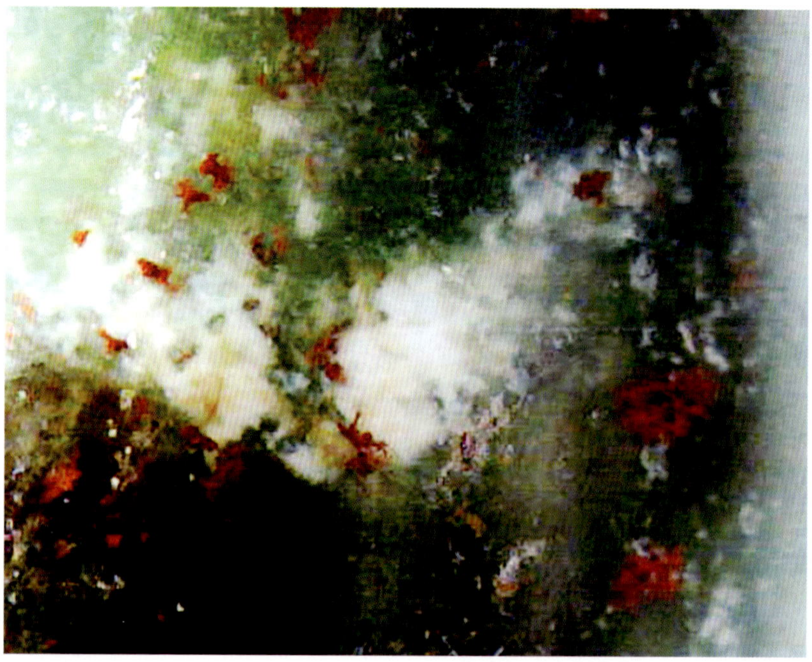

红花在须根沁上欣赏

天珠发明制造者，企图透过图案造形的程式设计，作为传达讯息的媒介，以便发挥出应有的功能。因为天珠本身的图腾意念，就是一套很完整的方程式，也就是宇宙能量磁场的符号。

第二节　象征佛教喻物的天珠

一、莲花喻意的天珠

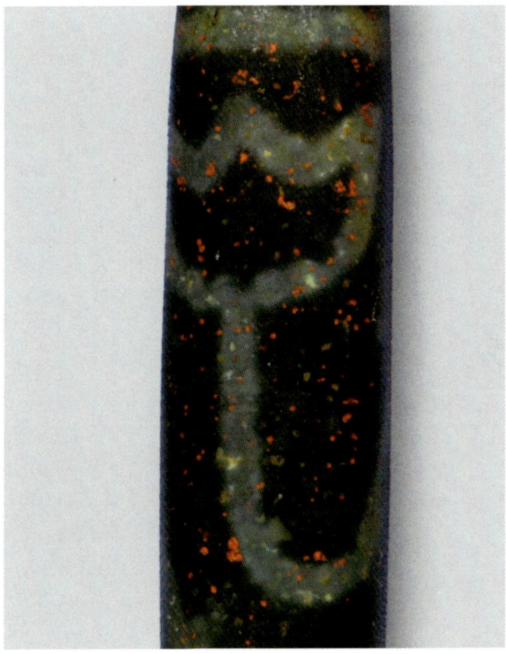

莲花是佛教的一种象征，生于污泥，而不受污染，取莲花的洁净、挺拔、鲜艳、高贵，而使人们尊重与爱戴。

赞莲花一香、二净、三柔软、四可爱之四德。许多花都有柔软、干净、充满香气的特性，但莲花则是一种特殊的生态，所有的花卉都是先开花后结实，莲花则在开花同时，结实的莲蓬已具。这一“华实齐生”的现象，被佛家视为能同时体现过去、现在、未来的特质，因此承担了佛教的象征使命。佛教的中心思想是看破一切虚妄，身在充满虚假、污秽的世界里，保持自我，寻求心灵的纯净。而莲花和莲藕的特点出淤泥而不染。所以莲花便被尊为佛教的圣花，象征着纯净与圣洁。

莲花是生的再生，莲花集合了真善美所有的象征。象征着西方极乐世界是净土。

藏传佛教将其图腾象征西方莲华部，这类的天珠具有吉祥、尊贵、圆满、财富增长的象征。

二、菩提喻意的天珠

菩提意思是觉悟、智慧，用以指人豁然开悟，突入彻悟途径，顿悟真理，达到超凡脱俗的境界。因佛教的创始人释迦牟尼在菩提树下悟道，才得名为菩提树。直到今天印度教的沙陀们还经常在菩提树下思考。

菩提心即是成佛的心。发菩提心，就发“阿褥多罗三藐三菩提心”，简称“菩提心”，也就是发无上正等正觉之心。就是要发“上求佛道、下化众生”之心。

三、宝瓶喻意的天珠

宝瓶天珠又称永生瓶天珠，象征永衡与不朽。

其图腾象征西方莲华部，又称其为“舍利天珠”，在典籍记载中为天珠最高层级：“天珠之最”。

沁色欣赏

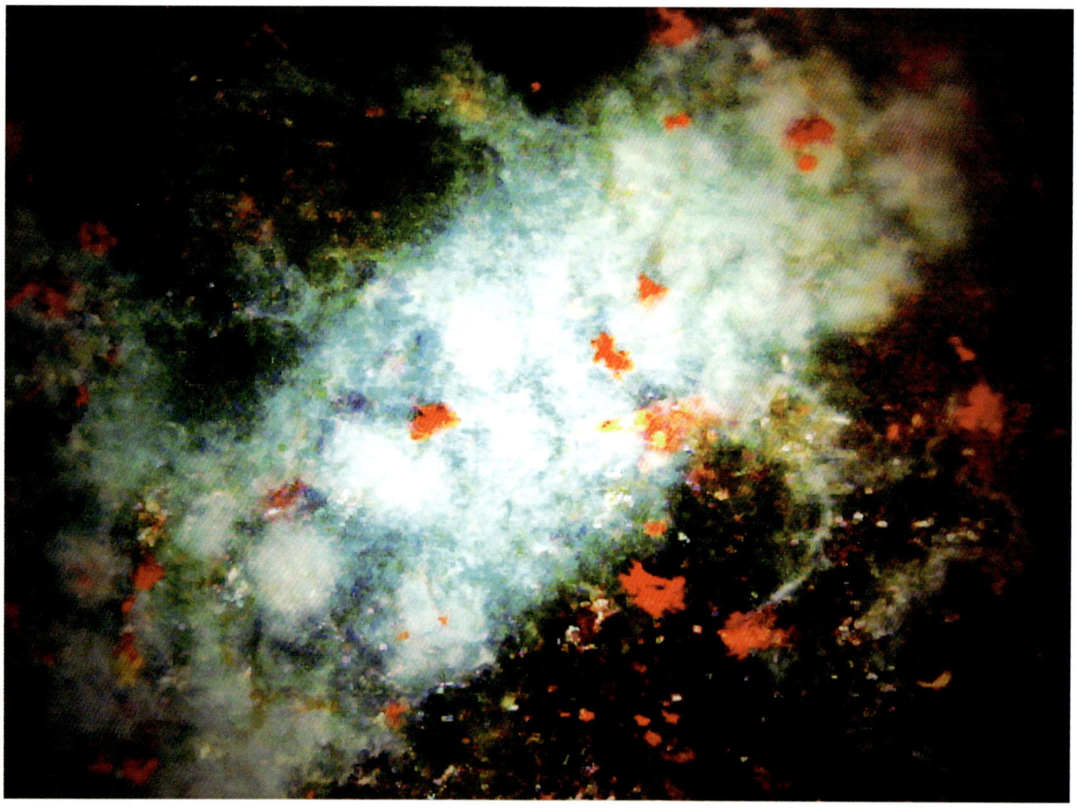

第三章
天珠材质

天珠文化，在各个历史阶段不断赋予各种文化内涵，使其世世代代庇佑着爱好天珠者，并将深藏于天珠文化中蕴含的能量代代传承。

——编 者

火玛瑙

第一节 玛瑙

“玛瑙” 一词源于佛教，梵语叫“阿斯玛加波”，意为“马脑”。因为古人不了解玛瑙产生纹带的原因，认为是“马脑的变石”。我国汉代以前将玛瑙为“琼”、“赤琼”、“赤玉”或“琼瑶”。自佛教传入中国后，译者认为“马脑属玉石类”，则巧妙的译成“玛瑙”。

玛瑙具有材质坚硬、致密细腻、形状各异、光洁度高、颜色美观而且色彩丰富等特点。自古就受到人们的欢迎，由于纹带美丽，一直被人饰用。

玛瑙属于广义的玉类，不符合玉之“五德”。玛瑙是玉还是石，从古至今处在争议中，魏文帝曹丕《马脑勒赋》称“马脑，玉属也”，魏人张揖《广雅》称“码碯，石次玉”，东晋王嘉《拾遗记·卷一·高辛》称“码瑙，石类也”，明代宋应星《天工开物》称“凡玛瑙非石非玉”。正因为玛瑙身份难定，才自成一类。楚国宫廷玉人两次裁决和氏璧为石头，极可能也是依照“五德”之类的标准，包括“润泽以温”、“解理自外，可以知中”、“其声舒扬，专以远闻”、“不挠而折”、“锐廉而不忮”。玛瑙不具传统玉德，楚玉人自然不敢裁定为“美玉”或“宝玉”，也只能曰“石也”，如此两次鉴定为石，遂造成卞和先后被砍去了左右双足。

一、玛瑙的形成

玛瑙的形成其说不一，一说是在地壳表层内含砂酸的胶体溶液逐渐沉淀而形成。一说是火山晚期，热液充填早期洞隙后生成的矿物。玛瑙的历史十分遥远，它是人类最早利用的宝石材料之一。

科学认为：大约在一亿年以前，地下岩浆由于地壳的变动而大量喷出，岩浆喷发后散落在地上，熔岩冷却时蒸气和其它气体形成气泡。气泡在岩石冻结时被封存起来而形成许多洞孔。再经过地球物质的长期硅化和造山运动的反复演变，成为玛瑙。

推演学说认为，火山喷发时炽热的熔岩掉在地上，释放出大量的热量，与周围物质融合，并被裹上厚厚的尘沙，冷却后成为玛瑙。这种玛瑙表皮会发生质变，表面虽然具有与一般岩石几乎相同的外壳，但年代久远以后，洞孔浸入含有二氧化硅的溶液凝结成硅胶。含铁岩石的可熔成份进入硅胶，最后二氧化硅结晶为玛瑙。

矿物学说，玛瑙是一种胶体矿物，属于玉髓类，是具有不同颜色且呈环带状分布的石髓。通常是由二氧化硅的胶体沿岩石的空洞或空隙的周壁向中心逐渐充填、形成同心层状或平行层状块体。一般为半透明到不透明，、硬度6.5至7度，比重2.55至2.91，折光率1.535至1.539。

在地质历史的各个地层中，无论是火成岩还是沉积岩都能形成玛瑙。所以，玛瑙很多，成色差异也很大。

二、玛瑙的特性

玛瑙是具有纹带构造的玉髓，属于隐晶质石英，是二氧化硅的胶体凝聚物，有圆形同心丝线状或平行条带状结构。含有微量元素，如铁、锰、镍等。晶体形态属隐晶质，呈粒状、纤维状结构，含少量蛋白石和微粒石英。

玛瑙多呈层状，各层之间相互重叠成波纹形，其块体呈透明、半透明和不透明状，为玻璃光泽至蜡状光泽。

玛瑙的产地不同硬度也不一样，硬度超过水晶。这种坚硬、致密细腻、颜色美观的宝石，是制作天珠的上等原料。

玛瑙的颜色是微量金属或着色矿物所至，形状多与生成空间有关，经风沙凌砺，石面光润，有鲜明的通透感。色彩极为丰富，有绿色、紫色、黄色、红色、白色、浅蓝色、褐色、蓝色、灰色及黑色等，流光溢彩、斑斓纷呈，各显其美。

玛瑙呈现五彩缤纷的效果，多种颜色交织在一起，构成一些别致新颖的花纹。有的玛瑙上共生着鲜红的碧玉，或在乳白色的玛瑙上生着黑色的碧玉，或在红色碧玉上共生着蓝色的玛瑙块，它们互生而贵，互换而奇，莫测如是，常使人不敢相信自己的眼睛而惊叹大自然的神奇造化。

由于玛瑙色彩丰富，优美动人，自古就被人们珍视，并赋予它许多别称。如紫红色的称“酱斑玛瑙”，纹路如丝且又红白相间的称“缠丝玛瑙”，花纹象柏树枝状的称“柏枝玛瑙”，花纹如竹叶状的称“竹叶玛瑙”，内含细针状的其它物质或有条状裂隙的称“带发玛瑙”，其中加杂物形如波动的鸵鸟羽毛的称“羽毛玛瑙”，以及一些含有五种颜色的称“锦犀玛瑙”等等。

天然红玛瑙经过“烧红”，热处理可使浅红玛瑙变为鲜红。也可将优质白玛瑙染成各种颜色。 因其纹带美丽，自古就被人们饰用，是制作天珠的主要玉石之一。

三、玛瑙的种类

（一）按颜色划分

1、红玛瑙：红玛瑙是指红色的玛瑙，古代称其为赤玉。红玛瑙中有东红玛瑙和西红玛瑙之分。

东红玛瑙是指天然含铁的玛瑙经加热处理后形成的红玛瑙，又称“烧红玛瑙”，其中包括鲜红色、橙红色。东红玛瑙，因早年这种玛瑙来自日本而得名。

西红玛瑙是指天然的红色玛瑙，其中有暗红色者，也有艳红色者。中国古代出土的玛瑙均属西红玛瑙，这种玛瑙多来自西方而得名。

2、蓝玛瑙：蓝玛瑙指蓝色或蓝白色相间的玛瑙。颜色十分美丽，块大者是玉雕的好料。优质者颜色深蓝，次者颜色浅淡，蓝白相间者也十分美丽。当有细纹带构造时，则属于缠丝玛瑙中的品种。目前中国市场上产的蓝玛瑙制品，多半由人工染色而成，其色浓均，易与天然者区分。

3、紫玛瑙：紫色玛瑙。多呈单一的紫色，优质者颜色如同紫晶，而且光亮，次者色淡，或不够光亮，俗称“闷”。紫玛瑙在自然界不多见，亦有染色。紫玛瑙颜色因含有不同矿物质而有所不同，有关它的功能与紫水晶有些相像，因为同样发出紫色光的关系。水晶是单晶体，而玛瑙是隐晶质集合体。紫水晶的透明度明显比玛瑙高，而紫玛瑙的透明度是半透明的，有一种被一层油脂覆盖了的感觉。紫玛瑙的颜色带有灰色调，而紫水晶的颜色则比较正。

4、绿玛瑙：绿色的玛瑙，自然界不见绿玛瑙，目前中国珠宝市场上的绿玛瑙几乎都是人工着色而成，其色浓绿，有的色似翡翠，但有经验者很容易同翡翠区别。绿玛瑙颜色“单薄”，质地无翠性，性脆；翡翠颜色“浑厚”质地有翠性，韧性大。

5、黑玛瑙：黑色的玛瑙，自然界少见黑玛瑙。目前中国珠宝市场上的黑玛瑙都是人工着色而成，其色浓黑，易与其它黑色玉石相混，以其硬度大于黑曜岩等区别。

6、白玛瑙：白玛瑙以白色调为主或五色的玛瑙。其中辽宁产出的一种所谓白玛瑙，其实有的属于白玉髓，多用于制作珠子。可以着色成蓝、绿、黑等色。这种白色玛瑙，大块者也用来作玉器原料，同时在局部染成俏色加以利用。

自然界也产出一些白色玛瑙，由于颜色不正，特别那些灰白色者，一般不受欢迎，但也可以用来制成一些价格便宜低档的旅游品或旅游纪念品。

7. 其它颜色的玛瑙：其它颜色的玛瑙，均可按不同颜色加以命名。

（二）按杂色纹理划分

按杂色纹理划分有：底色上有明显的色斑、色丝、色点等。比单色玛瑙色彩丰富，还有着天然的象征性形象。如缠丝玛瑙、俏色玛瑙、留皮色玛瑙、锦犀玛瑙、水胆玛瑙等等。

（三）按形状划分

按形状划分的玛瑙有带状玛瑙、城砦玛瑙、昙玛瑙、苔藓玛瑙、锦红玛瑙、合子玛瑙、酱斑玛瑙、柏枝玛瑙、曲蟮玛瑙等。

（四）按条带构造划分

1、缠丝玛瑙：具有细条带构造的玛瑙，亦称“缟玛瑙”。条带粗细不同，颜色也有变化，可进一步划分：缟玛瑙、红缟玛瑙、红白缟玛瑙、黑白缟玛瑙、棕黑缟玛瑙。

缠丝玛瑙是各种颜色，以丝带形式相间缠绕的一种玛瑙。因相间色带细如油丝，所以称为缠丝玛瑙。有的红白相间、有的蓝白相间、有的黑白相间，花纹或宽如带，或细如丝，甚为美妙，恰如一场流动的幻境。

古代称为“截子玛瑙”，缠丝玛瑙也是玉雕中经常使用的品种。《红楼梦》中的贾宝玉捧一只缠丝白玛瑙雕成的碟子，装上鲜荔枝送给探春后，探春爱不释手，连荔枝带盘子一并留下。

谁都无法抗拒缠丝玛瑙的美。由于玛瑙是很好的散热型装饰物，所以确实很适合用来冥想。将适量的缠丝玛瑙放在枕头底下，有助于安稳睡眠，夜夜带来安逸梦境。

李时珍在《本草纲目》中也记载了，黑白相间的缠丝玛瑙可以治疗心灵创伤，患有抑郁症的人最好随时携带。玛瑙也可以改善内分泌，加强血液循环，让气色变好，消除性方面的障碍。所以放置床榻间，还可甜梦沉寝、避祸除邪。红白相间的缠丝玛瑙，细如发丝的红色与白色交织在一起，缠绵悱恻，象征着夫妻的幸福和睦。若是想让玛瑙能够发挥其安眠凝神的作用，最好在佩戴或者放置前清洗干净。因为从被开采到现在，经过无数人手指触摸，玛瑙的物理记忆会将他们的情感与身体状况记录下来，所以要将玛瑙中存着的前人信息全部清洗，才能为自己所用。古人会用檀香薰香玛瑙，也可以把它放在干花丛中吸收植物的精华。

缟玛瑙指具有直线状平行纹带的玉髓，红缟玛瑙为优质品种。如果缟玛瑙出现肉红彩色带或含有白或黑色平行的条带，则称为“缠丝玛瑙”，它被列入可代替橄榄石作8月生辰石的宝石。

2．带状玛瑙：纹带较宽的玛瑙。

（五）按质地和其它特性划分

1．透明玛瑙：透明如水的玛瑙在所有各品种玛瑙中，透明度越高质地越佳。

2．不透明玛瑙：光线透不过玛瑙的称为不透明玛瑙。

3．半透明玛瑙：顾名思义，即一半透明一半不透明，而透明的程度达不到全透的效果。

4．风景玛瑙：玛瑙中出现有棱角的图案，可见各种天然画面。

5．苔藓玛瑙：玛瑙中有绿泥石矿物时，呈现树枝状花纹或苔藓状花纹。

6．云玛瑙：质地有云雾感的玛璃。

7．火玛瑙：玛瑙中含氧化铁板状矿物晶体的玛瑙，在阳光下闪烁火红的光泽。

8．水胆玛瑙：玛瑙中包裹天然液体的品种。液体常在球状玛瑙的中心，因形态常似动物的胆囊，故而得名。

四、玛瑙的作用

玛瑙视为美丽、幸福、吉祥、富贵的象征，为“八月诞生石”，一般被认为是幸福之石。因其兼具瑰丽、坚硬、稀有三大特征，从而荣膺玉石桂冠。玛瑙可以强化爱情，调整自己与爱人之间的感情，有助于夫妻感情和睦。

◎玛瑙是一直被当为辟邪物、护身符使用。

◎玛瑙是象征友善的爱心和希望，有助于消除压力、疲劳、浊气等负性能量。

◎将适量的玛瑙放置于枕头下，有助于安稳睡眠，并带来夜夜好梦。

◎李时珍在《本草纲目》中将玛瑙归入金石部“玛瑙生西国玉石间，亦美石之类，重宝也。其味辛寒，无毒，主治辟恶，熨目赤烂，主目生障翳，为末日点。”即用玛瑙浸出的微硅酸溶液医治眼疾。

◎红色玛瑙可改善内分泌，加强血液循环，让气色变好，消除性方面的障碍。

◎偏橘色的红玛瑙则可对直肠、胃肠都有效用，可活化内脏，预防便秘，帮助排出毒素，对肝病、风湿、神经痛、静脉曲张等都有舒缓的功用，对于女性，长期佩戴玛瑙可以使皮肤润滑，心情开朗，血液循环增强，使嘴唇红润，眼珠明亮有神。

◎黑玛瑙可消除恐惧，让人有安全感。可辟邪并防止低灵及负能量的侵扰，亦可将黑魔法及恶咒等负能量全数反弹回原施加者。是居家、事业防护的宝石。

◎绿玛瑙可平衡正负能量，消除精神紧张及压力。维持身体及心灵和谐，增强爱、忠诚及勇气，可促进富足、幸福及长寿，有保平安功效。绿色玛瑙石能提高气质，久戴对身体健康也有好处。

对女性是非常好的美容养颜之物，对于新陈代谢、血液循环等方面有很强的调节作用，调理女性荷尔蒙，有调和气血，对更年期症状更是具有缓解的作用。

◎水玛瑙有助于产生水的灵性，头脑聪明、思维敏捷，学习能力增强。夫妻卧室摆放龙泽玛瑙则有助于夫妻性生活和谐，还有治疗不孕不育和性功能障碍的作用。

◎白玛瑙：分两种，一种透明，另一种不透明。透明者皓白如凡，能看到内部的层次变化。不透明者，细看也可以发现少量变化的硅质层次。

真玛瑙色泽鲜明光亮，假玛瑙的色和光均差一些，二者对比较为明显。天然红玛瑙颜色分明，条带十分明显，仔细观察，在红色条带处可见密集排列的细小红色斑点。用石料仿制的假玛瑙烟壶，多数在底部呈花瓣形花纹，络成“菊花底”；而染色蓝玛瑙颜色艳丽均一，给人一种假的感觉。

各种级别的玛瑙，都以红、蓝、紫、粉红为最好，并且要求透明、无杂质、无沙心、无裂纹。

五、玛瑙制作的天珠

玛瑙制作的天珠与至尊天珠都是天然矿物，都具有天然的纹饰颜色。不同之处，至尊天珠表面的颜色结构与珠体内部颜色结构不同，玛瑙制作的天珠表面颜色结构与珠体内部结构颜色相同。原因是至尊天珠石的形成是由火星陨石撞击玛瑙矿脉时产生的高温将玛瑙矿石击碎，高温将火星陨石成分与玛瑙矿石碎块表面融合一起形成至尊天珠，使天珠表面与内部结构不同。所以不管什么时期、什么地区制作的与天珠类似纹饰的玛瑙天珠与至尊天珠是不一样的。

蓝玛瑙

古代学者常把红玉髓称为第三只眼。据说它可以使人与身体磁场中通过的波动频率产生共振。对喜爱占星，研究灵术的人来说，是增强自己透视灵界能力的催化剂。这就说明了为何所谓的天珠都喜欢以玛瑙或玉髓来作为原始材料。

红玉髓

第二节 红玉髓

红玉髓也称麦加石，虽然名字里有“玉”，但其实是水晶的一种。颜色为橙色至红色的半透明。《圣经》里记载红玉髓是火之石，是耶路撒冷城墙地基石所用到的12种宝石之一。埃及女神伊希斯用红玉髓护送死去的人们通向去往来世的路途。穆罕默德的玉玺也是一枚银环镶边的阴雕红玉髓。就连拿破仑出征埃及时，取回来的也是一颗硕大的八边红玉髓。

一、红玉髓的特性

红玉髓，产自西藏高原。为陨石撞击矿区时高温高压产生的，其中的红色是铁氧化物杂质所致，红玉髓是红宝石的姐妹石，非常稀有。

红玉髓的质地坚实细腻，浑润悠然，橙色至红色，光泽是油脂类似玻璃光泽，通透嫣红，色如霞凝，柔润美丽，以半透明为佳。

红玉髓自古以来就是一种宗教意义非常浓厚的石头。佛教、基督教和伊斯兰教都奉红玉髓为圣物。

二、红玉髓的作用

红玉髓适用于记忆力差、创造力有障碍、思维紊乱、声音颤弱，缺乏勇气的人佩戴。据说对于治疗阳痿、不孕症、失眠、痛经、神经痛、风湿、哮喘、坏血、嗜眠、消化障碍，以及人和动物身上患有的痤疮和牛皮癣等皮肤病大有益助。

红玉髓还能够帮助性情急躁的人克制怒气，实现自我控制，促进新陈代谢，活化细胞，调理体质。

红玉髓的养护经过科学的研究，认为红玉髓的原子排列组合结构及震动频率可以增加人体磁场和心脏血液循环，促进新陈代谢，活化细胞能改善虚弱的体质。

红玉髓属于水晶，所以也需要消磁，最常用的是御守盐消磁。把细的御守盐和矿泉水调和后倒入杯子或者碗里，在其背面写上祈求的福运。消磁1次可以连续戴 3个月。

蛇纹岩在较大的超基性岩中常分布于岩体顶部呈帽盖状或分布于岩体边缘，有时也呈脉状或不规则状。较小岩体往往全部蚀变成蛇纹岩。与蛇纹岩有关的矿产有铬、镍、钴、铂、石棉、滑石及菱镁矿等。

蛇纹石

第三节　蛇纹石

一、蛇纹石简介

蛇纹石因其花纹似蛇皮而得名，最常见的颜色为绿色、褐色、灰绿色、黑绿色或黄绿色，色泽不均匀，质软、具滑感。常见为隐晶质结构，镜下见显微鳞片变晶或显微纤维变晶结构，致密块状或带状、交代角砾状等构造。矿物成分比较简单，含大量的镁，源于火成岩。重结晶作用和钻石抛光效果有时不佳。

主要组成矿物为蛇纹石、纤维蛇纹石等，含氧化镁最高可达40%以上，具有较强的耐热性。 蛇纹岩多以深绿、黑绿、黄绿色为主，并有蛇皮状的青、绿色斑纹，色泽艳丽。蛇纹岩质地致密坚硬细腻，具可雕性、耐火性、抗腐蚀及隔音隔热等特点。块状蛇纹岩硬度为2.5~4，密度2.5~2.62g/cm^3。

二、蛇纹石的特征

蛇纹石是一种含水的富镁硅酸盐矿物的总称。如叶蛇纹石、利蛇纹石、纤蛇纹石等。它们的颜色常为绿色调，但也有浅灰、白色或黄色等。因为它们往往是青绿相间像蛇皮一样，故此得名。

蛇纹石，玉石质地，呈细腻的致密块体，质地细腻，用手触摸有滑感。它由细小纤维状、叶片状和胶状蛇纹石晶体组成，呈网斑状结构。有时在均匀分布的基底上，可见密纤蛇纹石堆积的云朵状白色斑状。少数纤维状块体琢磨后有猫眼效应。

蛇纹石常见有白、黄、绿、黄绿、蓝绿、褐、褐红、暗绿和暗黑等色。绿色和翠绿色往往含有铬和镍，其矿物成分常含绿泥石，深色者富含铁、铝和钛。浅色者含铁、铝、钛，含钙较高。半透明到微透明，蜡状光泽，纤维状块体为丝絹光泽。

三、蛇纹石的用途

蛇纹石的结构常会有卷曲状，像纤维一样。这样的蛇纹石常被当作石绵用。块状或纤维状的蛇纹石都会具有光泽，块状如蜡，纤维状如丝。人们将蛇纹石当作建筑用材料，有些可当作耐火材料，颜色好看的还可以制成装饰品或工艺品。

天眼石，也可以叫天降石，是一种稀有宝石，属于沉积岩之一种，含有玉质及玛瑙成份。

天眼石

第四节　天眼石

一、天眼石概述

藏人至今仍认为天眼石是“天降之石”。为藏密七宝之一。史书记载天眼石的内部结构具有宇宙强烈的磁场能量，经日本研究证实为三、四千年前，火星的陨石坠落于喜玛拉雅山区，使天眼石原矿在强烈撞击下次生十四种火星的元素，以“镱”元素磁场能量特别强烈，造成天眼石有不可思议的感应，符合藏胞认为天眼石为“天降石”之说。天珠的材料一般是缠丝玛瑙，一眼两眼的很多，三眼以上的就少了，有九眼十眼，就是天价了。古代天珠的眼也有用草药来染色的，现代我们看到的多是现代颜料染色。

二、天眼石种类

天眼石以品相、年代来决定其价值，一般而言，眼多者珍贵，据说，持有者可以消灾解厄外，商场事业亦无往不利。另外，因天眼石可接天光引地气，吸收日月星辰及大地之灵气，佩戴于身即成所谓的天、地、人三才合一，于内于外皆能获得很大助益。

天眼石即黑曜石——又称“避邪水晶”。

天眼石神话传说：在特洛伊城就有一个非常大的黑曜石， 是战神阿瑞斯赋予的，因而有“黑金刚武士”之称。黑曜石会形成“纹眼”（俗称“天眼”）， 天眼朝上，能量就会感应到战神阿瑞斯，当特洛伊城发生危险时，阿瑞斯就知道了，会有自己的力量暗中相助特洛伊人，所以希腊人进攻特洛伊城十余年，都攻不下来，住在城里边的人，自然平安顺遂。后来帮助希腊人一方的神祇们知道了这件事，就派赫耳墨斯下来，将海神波塞冬的水印封住了天眼通道，这样黑曜石就没有极强的吸纳性，附近的杂气或负性能量就吸收不了，战神感应不到。希腊人就利用这样极短的时间策划了木马战术，将特洛伊城攻了下来，这就是著名的“木马屠城特洛伊”故事。

现在黑曜石依然是西方术士作为驱邪的工具，在房屋的四角摆上四个黑石圆球，化病的功能及治疗失眠症的攻效就会产生。

天珠石在历史的传承中不断披赋予各种文化内涵，使得其世世代代庇佑着藏族儿女在雪域高原生生不息，并将深藏于雪山之中的神石所蕴含的能量代代传承。天珠石以生命玉化的形式承载了一个民族的精神力量，无论尘土的掩埋和时代的转换，都会吸引着人们对神秘而深邃的藏文化苦苦追寻与思索。

天珠石

第五节　天珠石

一、天珠石概述

天珠石是藏民族的珍宝，是藏密佛教终极的供佛圣物。藏族同胞之所以推崇天珠石，主要原因跟其文化习俗、宗教信仰有直接关系。因其外形与小海螺相似，也有人称螺化玉、螺化石、法螺天珠。

二、天珠石生成

天珠石是古地中海中的生命体，经过上亿年漫长时间消磨及复杂的环境变化，而结晶玉化。生物形成化石的机率只有十万分之一，而生物化石形成玉化的机率更是微乎其微。科学家在天珠石的切片中惊奇发现少量的软性活体细胞组织，这是一个科学范畴的末解之谜。

能够玉化的生命在大自然中本来就极为罕见，在佛教中更是被誉为“宝中之宝”。而天珠石将其鲜活美丽的生命以玉化形式呈现于世间，这本身就是一个生命的奇迹。

三、天珠石文化

天珠石是生命的奇迹，人们在欣赏它美丽外表的同时，更要理解其蕴含的丰富文化，以及人类对一切美好事物的向往。

天珠石在佛教典籍中被称为“如意宝”，别名叫“桑培罗布”。

《天珠说》记载：“黄色天珠上有法螺纹，是为怙主上师法珠，也称长命聚集者。此珠产自大海，是实现大业腾达之所依，是为修行者之所依，完成四业成就之珠宝。”

《佛学大辞典》中所著：“佛之头发，旋屈为螺文者。”即佛祖释迦牟尼的头发被设计成万世不变的卷曲螺发，代表着佛祖释迦牟尼至高无上的智慧。

藏人将天珠石制成的天珠称为“法螺天珠”，而在佛教中，螺的地位尤为特殊，而在藏族同胞喜爱的众多种类的天珠中，唯有天珠石制成的法螺天珠是天然形成的，这也是历代仁波切对法螺天珠情有独钟的缘由。

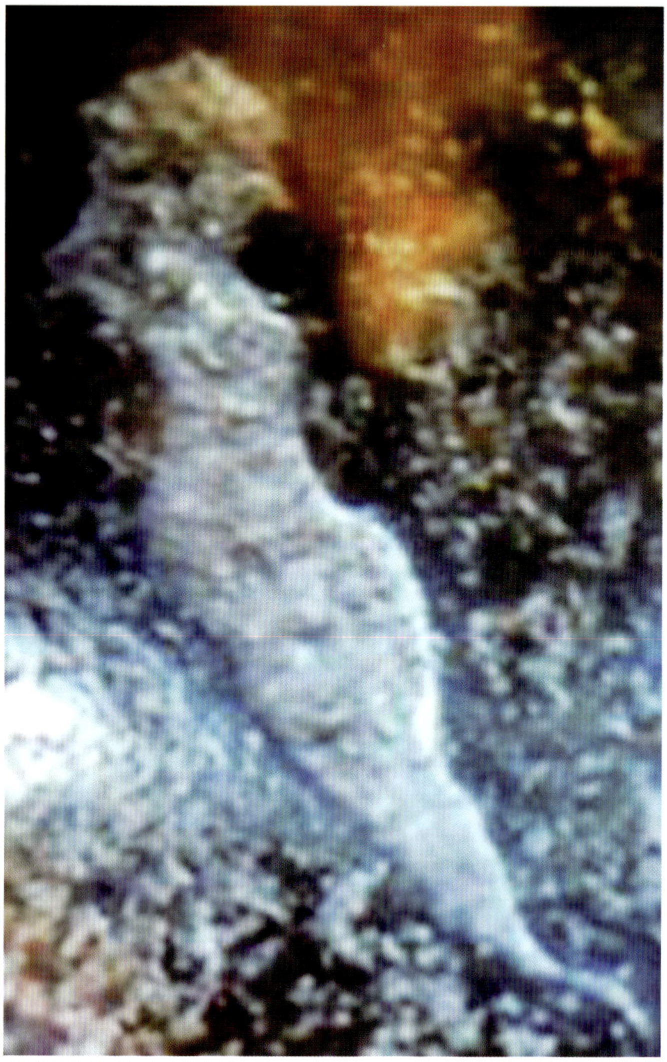

两年前珠体内部奇观

两年后珠体内部的变化

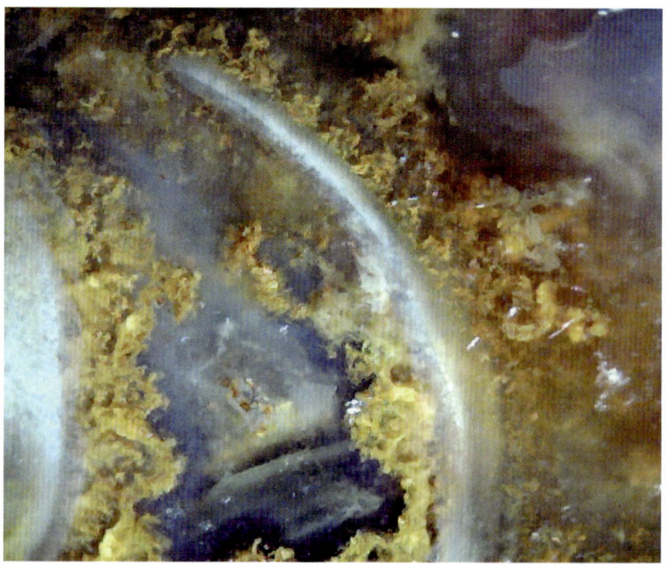

图为 法螺天珠

第六节　至尊天珠

一、至尊天降石天珠基本特征

史书记载，至尊天珠是天降石，是一种稀有宝石，是来自地球外的神物，是火星降落在喜马拉雅山区域的特殊陨石。有记载的历史三千年左右。本书所说的至尊天降石老天珠是指从天而降的陨石撞击周边的矿石制成的天珠，或是火山喷出的热液成矿制成的天珠，均称其为至尊天降石老天珠。

至尊天降石老天珠，珠体表面润滑、玉质感强，有重量感，拿在手中有滑落感，强光下不透明，珠体不规则，多程扁形，方形，三角形，长方形，椭圆形等形状。

至尊天降石老天珠内部有多种沁色，90%以上天降石老天珠肉眼都能看到有朱砂渗出表面。在 200倍显微镜下能看到朱砂斑、红花沁、黄斑沁、绿苔沁、黑斑沁、舍利花、灰斑沁及钙化白斑沁等多种沁色。

二、至尊老天珠的能量

至尊天降石老天珠含有外星陨石元素，适合人体的磁场，具有磁疗保健功效。

至尊天降石老天珠硬度为莫氏7至8.5，有特殊元素磁场，可避邪，可防止中风、血症，增强内气等之功效。

三、至尊老天珠神奇之迷

称其为至尊天降石老天珠，是因为珠体内部有一种变幻无穷，鲜艳夺目的红花沁，那红花沁时而成群结队迁徙，像是战略转移；时而围成圆圈，似乎展示与敌对抗攻略；时而聚众喧闹：时而踌躇辗转；时而静默如水；时而伺机呐喊。多少至尊天降石老天珠的爱好者、收藏家、研究者为这一难解的灵妙现象痴迷；为这种神秘现象困惑。正当百思不得其解之时，一份权威性检测报告证实了这种天珠含有非磁性物质，让天珠研究者们瞠目结舌，目瞪口呆。

科学对非磁性物质的描述详尽充实，对非磁性物质理论的研究客观理性。因此，用非磁性物质理论，可以给予神奇红花沁的合理解释。将非磁性物质特点用于诠释红花沁的变化上，上述红花沁种种不可思议的现象，则会迎刃而解。

九眼石页岩，含有玉质及玛瑙成份，是特殊的天然玛瑙。由于地壳变动喷出的地下岩浆，形成了比普通玛瑙更加美丽殊胜的天然图腾，也就是最早期的天珠。

九眼石页岩

第七节 九眼石页岩

一、九眼石页岩概述

九眼石页岩的色泽大约可分为黑色、黄色、白色、红色、咖啡色及绿色等颜色，有的九眼石页岩也是玛瑙与页岩的共生体，有的共生体内部还有水晶的结晶，如果水晶脱落，就变成了九眼石响石，有的九眼石页岩内有天然磨损的圆形空洞，甚至可以吹响，成为哨石，这样的哨石很少见，所以价值无法衡量。丰富的花色造型以及佛教予以神秘的色彩及其材质稀缺性，是身价倍增原因。

九眼石页岩的颜色因所含化学物质而不同，如含氧化铁者呈红色，含氢氧化铁者呈微黄色，含炭质则呈灰黑色。

二、九眼石页岩特性

九眼石页岩是一种含玉质及玛瑙和晶体矿成份的沉积岩，有极强的磁波，有天然形成的规则图案，以眼球形为主，辅以三角形、四边形等，琢磨后的成品凸显眼珠状纹饰。

九眼石页岩的磁场为水晶三倍，水晶磁波为4伏特，九眼石页岩则为13伏特。矿石的硬度越高，磁场越强，而九眼石页岩是半宝石，组成颗粒为1/256公厘，硬度为莫氏7至8.5，除南非钻石硬度为莫氏10外，当今地球上再也没有任何矿石的磁场强得过九眼石页岩。这也是唯独九眼石页岩天珠才称作天然天珠，而巴西、波斯、苏联、印尼、台湾的玛瑙，并不能称为天然天珠的原因。不过任何矿石都有磁场，只是强弱有别。

天然九眼石页岩天珠一直被藏家认为是不可多得的圣石。由于天然的天珠极其罕见，所以还有一类就是比较普遍经过人工加工的天珠，它们的材质以红、黑、白玉髓、玛瑙为主，现在也有人用合成树肪、玻璃、塑料等来加工进行冒充的。拥有一串天然的、未经过打磨的九眼石页岩天珠，是非常值得珍惜的。收藏家圈子里有“九眼石页岩天珠，财源滚滚，一生平安”的说法。

三、九眼石页岩功能

◎九眼石页岩天珠，能够避邪、除险、保平安、促转运等神秘色彩。

◎九眼石页岩天珠，强磁场符合祖国医学生物磁场理疗、磁疗调节人体各系统机能。

◎九眼石页岩天珠，能调理人体血液循环、肝肠循环、脑神经和交感神经、迷走神经的兴奋或抑制的正常适度，稳定人体组织细胞正常分裂，防止异常分裂。所以更具有预防心血管疾病、胃肠消化系统疾病等等的保健功能，还可以防治各系统肿瘤和恶性肿瘤的发生。

红缟石玛瑙

红玉髓

第八节 制作天珠的其它材质

一、琉璃天珠

琉璃天珠，其工艺繁复，需数十道工序，且以手工为主，工匠在其中加入了不同种类和不同比例的金属氧化物，如此就可以在烧制的时候呈现出不同色彩，一品一相，世上独此一件，绝无重复。因为琉璃烧制需要高温，这“火里来，水里去”的冶炼过程，令佛教认为琉璃是千年修行的境界化身。在所有经典中，都将“形神如琉璃”视为是佛家修养的最高境界。据传，东方净土就是以净琉璃为地的世界，琉璃光“可照三界之暗”。在先民眼中，琉璃与水晶等同，认为它们同有记忆与传承功能，能把持身心，调和阴阳，有助修行。

琉璃的硬度不如水晶，要想让它长久如新，需要注意以下几点：不可碰撞或摩擦移动，以免出现表层划伤；保持常温，温差不可太大，尤其不可自行对其进行加热或冷却，不宜直接放置于桌面，最好要有垫片。宜用纯净水擦拭，若使用自来水，需静置十二小时以上，保持琉璃表面之光泽与干净，切不可沾上油渍异物等。

二、陶瓷天珠

陶瓷珠的制作在宋朝达到鼎盛，南宋与北宋的官窑各有佳品传世。陶瓷珠以釉色灰青、哑光、肥厚、有细碎冰裂纹片者为佳。

三、矿物珠

矿物珠，由于浸染在历史里的时间最长久，所以蕴含的能量也最大，科学证明，矿物珠的结构对人体有益，又含有各种微量元素，能改善疲劳，促进血液循环。如青金石，在藏传佛教中甚至被称为是“药师佛”。在所有的矿物珠中，又以水晶最通灵性，一旦能量开启，净化心灵，洗涤记忆。其强大的能量场甚至可以运用到风水学中来改变五行。

沁色图片欣赏：看看像圆规画的一样圆。知道是怎样形成的吗？

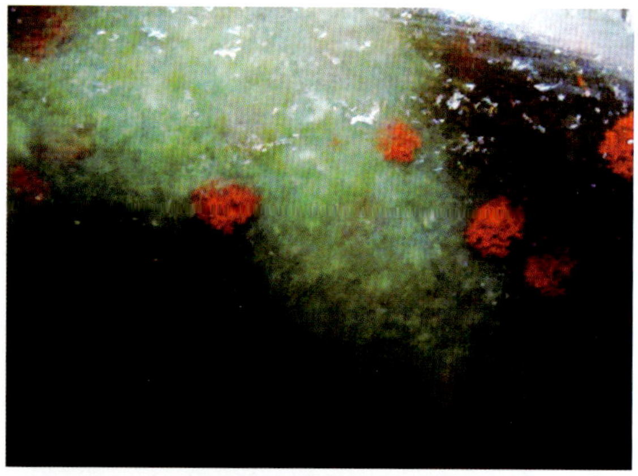

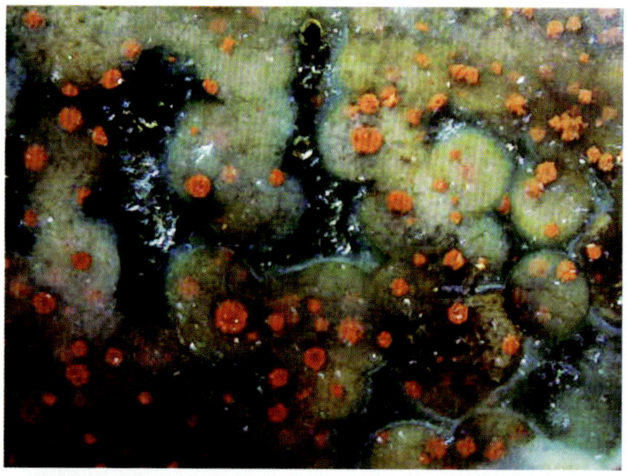
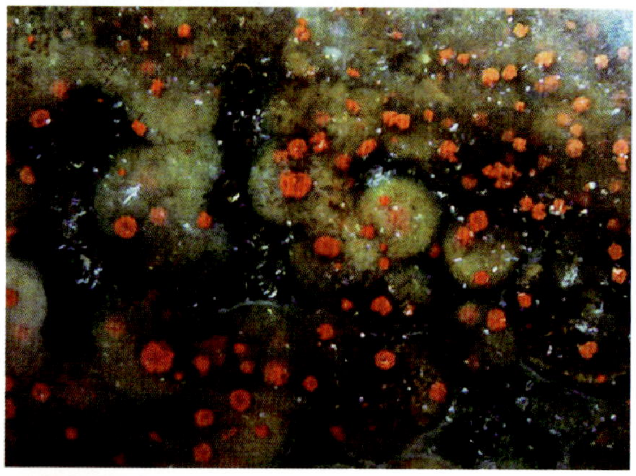

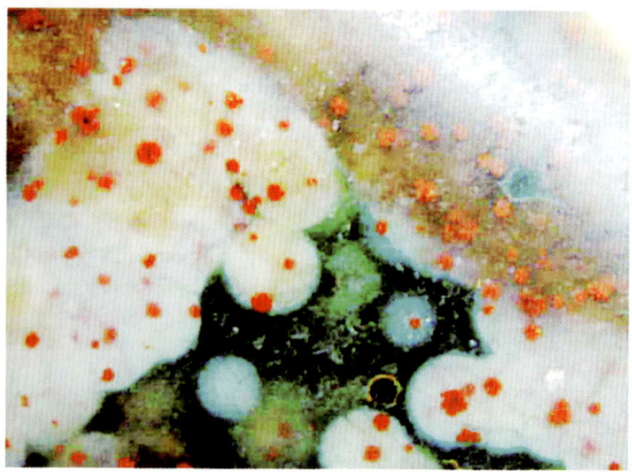

第四章
天珠资质考量

品相就是对所收藏物件给予的鉴定。各行的收藏都有其衡定标准。而天珠则没有品相的标准和等级，天珠品相的界定至今是模糊状态，很多标准不明确，不统一，其原因是没有参比的样品。现今，关于天珠的品相要求说法不一，有的学者看重珠体分量轻重、体积大小、色泽艳丽、图案考究、质地上乘来衡量；有的学者着重图案完整、纹路清楚、线条明晰、色泽均匀、黑白分明、形状对称来品评；有的学者则以珠体椭圆而肥大、古沉而深邃，表面光滑没有严重破损或龟裂等现象来鉴别；有的学者则侧重审视天珠特有的缺憾，如火供后的印痕、破损的程度、透光系数来定论。而这种种要求都不能将天珠真正的内涵充分体现出来。

——编　者

第一节　天珠杂评

一、天珠品相

品相是近几十年在天珠界用得最多的词。有专家为至纯天珠制定了有6个考量标准，现在看来还是漏洞百出。

比如，要求之一：要符合天珠纹饰形神兼备。形神兼备不难理解，一般多指体态和精神都十分优秀既形似又神似，既有外形，又有神韵。形神兼备就是形貌神情都同时具备。对于天珠来说，“形”应该指的是外壳；“神”就是天珠的内核了。但是至纯天珠的内核基本与外形是一致的，没有什么出彩的变化，如果说“形”是躯体，那“神”就是灵魂；“形”是载体，“神”就是思想。只有形神高度统一才可誉之为神形兼备的话，那么至纯天珠没有达到这个境界，这个要求就是随便说说，不能做为标准。

比如，要求之二：要图纹线条清晰，眼纹规范，黑白两色色界自然，对比强烈；要求天珠纹饰的眼纹或图形纹，要对称成形。这个标准只有新天珠能做到，几百年的老天珠，多少都会留下岁月的痕迹。

比如，要求之三：多眼天珠价位应高于少眼天珠价位；奇数眼天珠价位应高于偶数眼天珠价位；佛眼天珠价位应高于普通眼天珠价位；双杠天珠价位应高于单杠天珠价位；宗教纹饰天珠价位应高于吉祥纹饰天珠价位。这条标准如果让天珠制作商得知，那么少眼天珠、偶数眼天珠、普通眼等等就可以不再生产了，这条标准可算是无稽之谈。

专家对天珠认知的水平都如此一般，更不要说一般的爱好者了。这也是造成天珠市场的混乱现象原因之一。还有人说：至纯天珠必须有特定图案，如莲花天珠、有眼天珠；必须线条分明、形状对称、颜色鲜明强烈、表面光滑、微带风化痕迹、不透光、黑白两色界线不能过于模糊不清等等。此说法与上述类似不再点评。

《天珠宝典》一书对品相的要求则是从真正老天珠（以后称此种天珠为至尊天珠）本身应具有的能量开始，这是有别于其它任何收藏或佩戴品的区别。这种天珠是天珠中最高级别。至尊老天珠之所以历经几千年流传经久不衰，是其本身深不可测古本文化和极其神秘强大宇宙磁场能量的存在。之所以世代相传，是因为人人都可以从天珠中寻觅到自己的愿望与梦想，继而让梦想变为现实。

二、天珠德性

天珠是宝石中的宝石，是具有特殊意义的佩饰，溶入了玉之璀璨文化，凝聚着玉的五德、九德、十一德的品性。孔子说：“玉具有仁、智、义、礼、乐、忠、信、天、地、德、道等十一种品性和象征，这些特性至尊天珠一一具足。正如《五经通义》诠释：“温润而泽，有似于智；锐而不害，有似于仁；抑而不挠，有似于义；有瑕于内必见于外，有似于信；垂之如坠，有似于礼”。这样说来，所谓仁义礼智信五德，至尊天珠都具备。

三、天珠新老

识别天珠新老，首先要认识它的材质，只有掌握了各个时期材质变化的特征，才能把握“断代”的准确性。因为材质不同，显示天珠产生的年代也不一样。而每一种材质的更新都突显着每一时代独特风格和特征。

好材质就是指天珠本身结构精密，质地温润、细腻、坚硬，石性少而无杂质，有宝光，看上去不粗涩、不呆滞。

做工精就是指构图精巧，线条流畅，转折有序，不会给人以粗制滥造的感觉。

只有对天珠的材质作出了正确判断后，才能考虑以下几个问题：如材质好不好、做工精不精，沁色美不美、外形对不对。任何天珠鉴定，都应该围绕这几个要点进行。

沁色是天珠身上自带的历史痕迹，是天珠在土埋、装藏中受到各种杂质、矿物质的侵染，所呈现出的不同颜色。

端口，是多年来鉴别天珠年代的一个重要标志，为此不惜笔墨为读者提供大量天珠端口资料，有兴趣者要仔细观察，有助于断代。

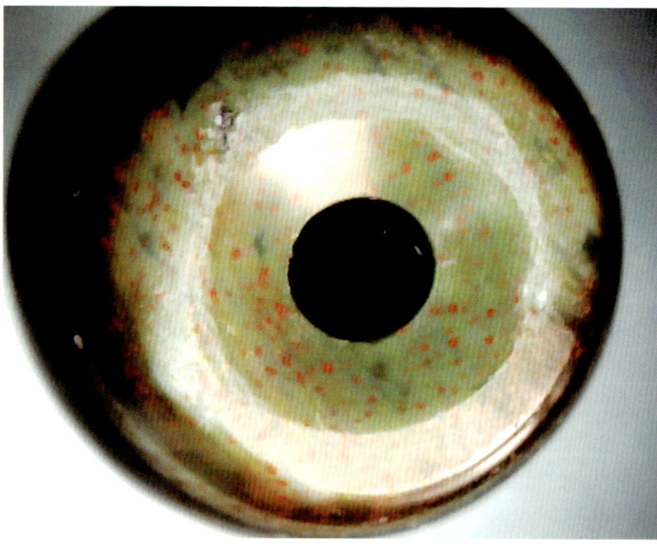

第二节　天珠细品

一、天珠的完整度

天珠完整度是指外观完美无损。珠体也没有明显残缺，盘摩熟润，见之爱不释手的天珠。对天珠完整度的要求说起来是非常复杂而苛刻，实际上很难找到无破损、无裂痕、无凹陷、无补断、无缺角、无石纹、无水纹、无取药、无画唐及线条整体感极佳的天珠。这个条件只能找刚出厂的天珠才合乎要求，老天珠达不到这样标准。

对于画唐是可以宽容的。也就是说，天珠两端呈现斜面的磨损是绘唐卡用，刮痕是取粉配药用，使天珠则更加殊胜，不属残缺，应该愉悦接受才好。

至于断裂成半或严重破损的天珠，有人说已失去作用不宜收藏，但若修补后，沁有自动衔接现象，要另当别论。

（一）完整度的几点说明

◎破损、裂痕、凹陷，缺角，多是因为人为保管不善而形成。

◎石纹、水纹，多是因为气候环境的影响而得。

◎画唐、刮削入药造成珠体不完整，多数收藏家都不计较，而将其称为“善珠”收藏。

◎有的天珠断裂后又修补，而补过的痕迹是与石纹线差不多，要仔细分辨。

（二）看天珠形状

老天珠因历史悠久，天珠制作打磨都是手工制作，所以本教前期、中期的老天珠，其珠体形状都是不规则形状：有扁方体、多棱体和不规则椭圆形等多种形状。随着天珠手工制作打磨设备进步，到本教后期的至尊老天珠形状出现了椭圆长桶形状，近似圆桶形状。其中椭圆长桶形状较多。

形状能昭示年代，但不是绝对的。因为可以仿造。

二、看天珠光泽

天珠的光泽是指表面反光的强度，反射率大，光泽就强。光泽可分为：玻璃光泽、油脂光泽、蜡状光泽及土状光泽等。

玻璃光泽，是矿物非金属光泽的一种，其特点是不具金属感，反光较弱，象普通玻璃表面的光泽。为矿物光泽中最常见的一种，大约70%的矿物具有玻璃光泽。

从矿物学角度上分析，由于天珠的质地致密程度不同，表面氧化后会出现不同程度的小孔洞，这些小孔洞是因为空气氧化腐蚀所形成。氧化程度严重，会在天珠表面形成白斑，通常称为钙化。就是这种钙化现象会自然地覆盖在天珠局部或全部，有层次感，深浅不一。程度轻的，表面仍有光泽，严重的则腐蚀成粉末。如果天珠表面出现严重钙化现象就不会有光泽。

（一）油脂光泽识别

天珠表面，由于年代久远而形成自然风化，珠体表面不平滑、反射光有紊乱现象，用肉眼观察表面似涂一层油脂，这种光泽称为油脂光泽。

科学解释：油脂光泽一种特殊的非金属光泽。矿物表面不平滑，或表面虽平滑但矿物呈致密块状集合体时，因反射光发生散射而呈现出如同油脂般的光泽。

（二）蜡状光泽识别

当油脂光泽特别亮，则可称为蜡状光泽。

（三）土状光泽识别

有些天珠经过火烘，表面呈现灰白色，对光产生某种陷阱而暗淡无光，这种情形称为土状光泽。

（四）天珠色泽识别

老天珠的色泽：有棕色，褐色，咖啡色，粉红色，浅绿色，孔雀蓝色、深绿色等多种。

新天珠一般呈黑白色、深棕色及乳白色。

从矿物角度来观察，各类矿物质地的颜色，可分为原本固有的颜色称为白色；混入色素离子引起的颜色称为它色；产生裂纹引起的颜色，称为假色，这是矿物学质地的三种色。天珠质地的颜色大致分为：乳白色、黑色、棕色、红色及淡绿色五种，其中以乳白色的质地最佳，某些天珠研究者都把天珠线孔内是否为乳白色列入至纯种天珠的必备条件之一，是从质地上鉴别。

三、看天珠透明度

天珠透明度是指透光的能力。鉴定透明的标准，是以两毫米的厚度用适当的光源透视，天珠因其材质不同，珠体有透明的、不透明的、半透明的区别。虽然通透是玉质品相好坏的一个重要条件，但天珠却不以此做为品评特征。

不透光称为不透明。被称为至尊老天珠的天珠是不透明的。这种天珠至少有两三千年的历史。

部分透不称为半透明，型二的至纯老天珠多为半透明。

全部透光称为透明，近几十年制作的玛瑙天珠多为全透。

看色泽。天珠通常呈现黑白色、深棕色及乳白色等相间的纹路，而黑白分明纹路也是很多收藏爱好者的首选。

四、看天珠润度

润度，不是光泽，是一种温润的感觉，即不干，又不水。其色内敛含蓄；其润滋润细腻。润度是指天珠表面自然显现的一层油亮、蜡状的润泽感。

至尊天珠，致密纯净，润度柔和，有如脂、如蜡的滋润；有贴心、颐养的温存；有温柔敦厚的委婉。

老天珠的光泽度、温润感，主要取决于天珠佩戴的时间长短，盘摩的功夫深浅。经常盘摩佩戴的天珠，其润度温馨而顺遂，供佛的天珠会显得因熏烟而油光。

五、看天珠包浆

“包浆”是指古物表面一层自然而特殊的光泽。包浆是依物品做载体，记载着岁月的留痕，显露着持有者对天珠的关爱。

天珠所以会形成“包浆”，主要是长期土埋水浸，香火侵薰，空气吹拂，尘埃粘敷，加之手泽把玩和经久揣摩，甚至空气中射线的穿越，层层积淀，逐渐形成了表层滑熟可喜，幽光沉静的即自然而又神往的特殊光泽，这就是“包浆”。科学解释，是因为表面由于氧化、锈蚀以及汗液的作用，随时间推移自然形成的一层化合物。

特殊材质的天珠就像高古玉一样，对温湿度特别敏感，天珠颜色深浅也会随之变化。天热时敏感于空气的干湿，在生成中吸收人体的汗腺液，气温下降后，表层与凝聚的汗腺液得以收缩，又与空气接触发生氧化作用。日月递增，久之，形成一层厚厚的光泽，那神奇光泽就是人们称之为的包浆。

包浆不是天珠上的污垢，是酸、碱、分子与本体分沁物长期融合的一种附着物，它是洗刮不掉的，就像旧瓷器的包浆一样。这种包浆滑润自然，任何作旧都不能做成这种自然形成的包浆，“自然成旧”与“人工做旧”是不可同日而语，岁月的残缺是一种美，人工的“做残做旧”越看越丑。

天珠有包浆不是人人都能解释清楚。有人说盘摩或佩戴就会出现意想不到的包浆，这种说法不全对，关键还要看天珠本身是不是能盘出优雅的包浆。

六、看天珠风化纹

（一）风化纹概述

风化纹是指天珠表面因为年代久远而形成的圆形、半圆形或月牙形自然而不规则的风化纹路，深浅不一，似鱼鳞纹、马蹄纹又似凤爪纹。

（二）风化纹的形成

科学认为，玛瑙的晶体结构是二氧化硅，结晶生成同心圆，所以风化纹多是圆圈或者半圆形，也就是行内人说的鱼鳞纹。

风化纹的形成，是天珠在长期佩戴过程中，互相碰撞而使玛瑙的晶体结构发生变化才显现出来。碰撞不是一次就完成了整个珠子表面的风化纹，而是在无数次反复碰撞中才能形成风化纹的现象。有人说，有风化纹是天珠年代久远的特征，认为风化纹的形成是年代久远、长期搁置或埋于地下而形成，这种说法没有得到学界认同。

（三）正确认识风化纹

至今，天珠收藏家、天珠爱好者依然认为有风化纹的天珠才是老天珠。其实这是珠商的误导。科学证明，风化纹多少及深浅与制作天珠材质的密度有关，不能代表天珠的年代。同一块材质的硬度也不一样，会有微小的区别，密度大的材质，硬度就大，就不容易形成风化纹，相反，密度小的材质，硬度要小。质地紧密的就不容易撞出风化纹，质地松软的就容易碰撞出风化纹。

当了解风化纹形成过程后，就没有必要在乎风化纹的真伪了。造假者也无须用现代的切割工具，在密度很高很硬的天珠表面，切割出有如风化纹般不规则线条沟槽。请养者也没有必要以风化纹有无，判别天珠的年代。有风化纹的天珠不一定是老天珠，因为结构松软，内部不会有五色沁。

仿风化纹的特点是分布不自然，显得做作，也就是说，没有层层叠叠，没有深深浅浅的感觉，显得很平，没有立体感。

风化纹底部没有岁月的包浆，风化纹的边沿相对比较锐利，没有真风化纹的圆润。

高仿珠的风化纹，为了更逼真，就会打磨珠子的表面，其实就是打磨风化纹边沿的锋利感，但打磨过的珠子，包浆就有变化，要么整体很亮，要么风化纹密集地方的光感有别于其它部位，整体的光感就不统一，这一点对看高仿珠是很重要的一环。

○至尊天珠即使有风化纹，内部沁色依然是五彩缤纷

○在水银沁上生成风化纹，经百年又受土沁、水沁侵浸。

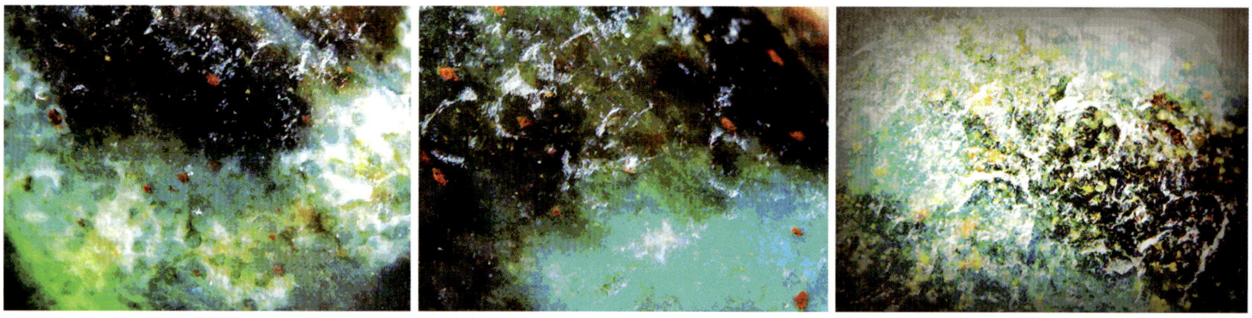

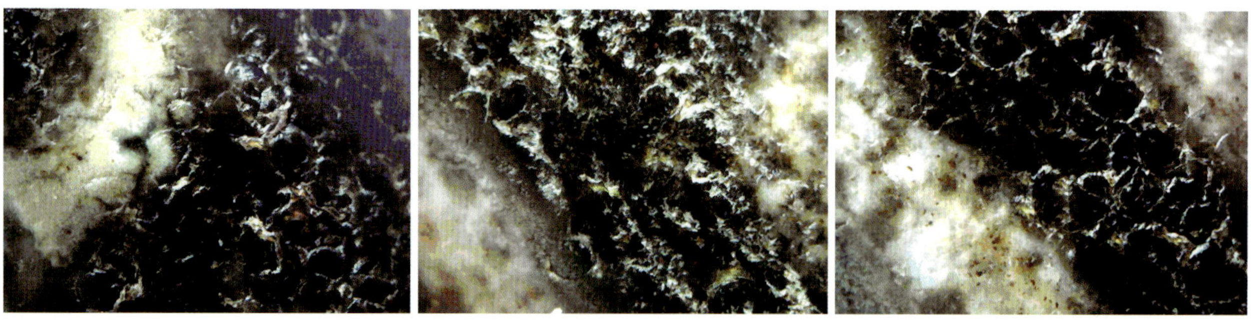

七、看天珠中的朱砂点

（一）朱砂点概述

朱砂点，藏文音译为“玛提”或“玛杂”，其意为“红色的小点子”。这一名词是台湾早期天珠制造者创造的。要注意这里的朱砂不是真正意义的硫化汞。为了便于交流，我们仍沿用这些约定俗成的词语。

有人说朱砂点是因为佩戴时，血点沁入天珠内而形成，有人说是“赤铁矿元素”。

朱砂又称丹砂、辰砂，主要化学成分是硫化汞，朱砂粉末呈红色，用这种颜料染成的红色非常纯正、鲜艳，可以经久不褪。

（二）朱砂点的形成

科学认为，天珠中的朱砂点，是天然矿物中所含的铁质，经过长时间与大气中所含物质接触，由珠体本身所含铁元素物质形成氧化铁。

天珠的朱砂点是判断至纯老天珠条件之一，乳白色的图腾在朱砂点的点缀下显得更加神奇。台湾人特别的喜欢带朱砂点的至纯天珠。现在很多收藏者都把有没有朱砂点做为鉴定至纯老天珠的条件来参考。可是现代人也能在新天珠上面做出朱砂点了，这一点请天珠收藏的朋友留意。

早期刚有仿制天珠时，一般人无法辨识天珠真伪。

坊间有用一般玛瑙红斑仿冒的朱砂天珠，放大镜下红斑形状多不规则，仿朱砂天珠表面除密布红斑外，表面还有很多其它杂质，这种仿朱砂天珠比一般加色仿朱砂天珠更容易使人混淆，所以，在选购时请务必多加注意。天珠的朱砂点应是由内而外生长出来，并不只是单纯附着于表面上。

相对来说，有朱砂点的天珠较少数，因此朱砂天珠极为珍贵，一颗满满都是朱砂点的天珠更是稀有，而一颗品相完整兼朱砂满满的天珠，那则是人间珍品。实践证明随着佩戴者的呵护和虔诚供养，天珠的朱砂点会逐渐明显清晰，也可以说天珠的朱砂点是妙不可言的。也许和佩戴者的福报有关系。

（三）天珠中朱砂形状和色泽

天珠中的朱砂，有点、线、片、朵、堆等多种不同形状；有土黄、黄、浅褐、深褐，红、鲜红等多种不同颜色；有活性朱砂与惰性朱砂的区别。天珠中朱砂的不同形状，显示着天珠的生长过程，而天珠中朱砂的颜色则体现着天珠在生长过程中伤、痛、聚、散的经历；天珠的朱砂有活性与惰性的区别，表达了天珠受浸深浅程度。朱砂的点、线、片等形状总是在相互吸引，又相互排斥。可以说没有任何一种物件像至尊老天珠那样具有灵性及不可估计的能量。只有视珠如命的人，才能读懂天珠留下的痕迹。

据笔者观察，天珠中的朱砂多是人为造成。人为的朱砂又分无意人为与有意人为两种。无意人为多发生于天珠持有者由于对天珠珍爱，在土埋、装藏等仪式中为防恶意侵袭而将朱砂洒在珠宝的上面加以保护，久之，覆盖在天珠上的朱砂浸入珠体，就形成了前面所说的点、线、片、朵、堆等多种不同形状朱砂。不同形状显示着不同受沁的时间。有人说无意人为的朱砂300年后完全进入珠体，外面看不到朱砂的留痕，这时成堆状；600年后堆状开始分化， 由堆状变为朵状；900年后由朵状开如伸腰（泡黄豆时的一种现象），由惰性朱砂演变成活性朱砂。也有人说不是300年才有变化而是30年就有变化，这是需要连续观察才能得出结论。有意人为朱砂是近几年的事，是将朱砂直接粘贴在天珠上，然后加热，多能在珠体上看到一片片的朱砂。加热后有的朱砂渗入珠体里面，但依然成堆朵状。就此而言，无意人为的朱砂天珠要比有意人为朱砂天珠价位高出数倍。但不能与自然生成的红花相比。这也是本书说的红花与朱砂区别。

（四）天珠朱砂的作用

朱砂的颜色鲜红，古人认为可以辟邪，常常被撒入墓葬里；或是填塞在存放玉器的箱盒中。有时则用朱砂染成的丝绢包裹玉器，使朱砂成为出土玉器上最明显的附著物质。

数千年来，朱砂的神秘力量一直未曾消褪。人们不仅相信朱砂可以辟邪，还会渗入玉质里，造成沁色，使朱砂沁的说法在坊间广为流传。

（五）识别仿制朱砂点

仿朱砂，天珠表面除密布红斑外，表面还多其它杂质，这种仿朱砂天珠比一般加色仿朱砂天珠更容易使人混淆。

朱砂有用雷射仿制，鉴别原则是观看朱砂呈现于表面的深浅程度，是否呈非常态分布等。

天珠的朱砂点应是由内而外生长出来，并不只是单纯附着于表面上。

早期刚有仿制天珠时，一般人皆无法辨识老天珠的真伪，专售天珠的商家只能以仿制天珠不具有之朱砂点来给客户解说分辨真假。然而，仿制天珠者又将部份仿制天珠中的不规则的红咖啡色条纹状也说成朱砂点来混淆客户，强调其为真的老天珠。

八、看天珠中的石纹线

（一）石纹线与石裂纹的区别

◎珠体上，经常看到有石纹线，有人称水纹或蟠龙纹。通过石纹线能看到图案纹路阻断，上色不均的情形，这对鉴赏天珠有帮助。

◎石纹线完全不同于石裂纹，石裂纹是在后天传世过程中造成的。千年老天珠经数十代传承，难免会有碰撞。碰撞严重者成断珠，碰撞较轻时会出现石裂纹。

◎石纹线多呈直线形，石裂纹多变曲。

◎石纹线是天珠材质内部经过骤冷骤热不同温度的洗劫，使材质瞬间发生物理变化而产生。往往有石纹线部位的密度比其它部位大，分子间结构较小，在做图案时颜色上不去，石纹线部分颜色会淡化。石纹线形成的时间长短、石纹线颜色变化是断代的依据。

（二）石纹线的颜色

至尊老天珠的石纹线多为白色，时间久远会在石纹线生出各种沁色，通过观察石纹线的变化，可以判断珠体变化的年代。

◎天珠中的黑色石缝线大多因为污垢或粉尘等杂质，渗入缝隙而构成。此类石缝线裂缝较宽，能渗入杂质。

◎红色石纹线代表其纹线间仍紧密结合，杂质渗不进去珠体内，但油脂与水分则易渗入，也因珠体内赤铁原素产生氧化反应而成红色石裂纹。

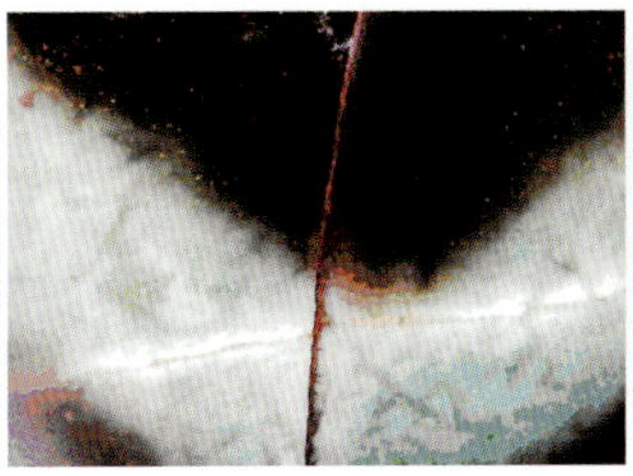
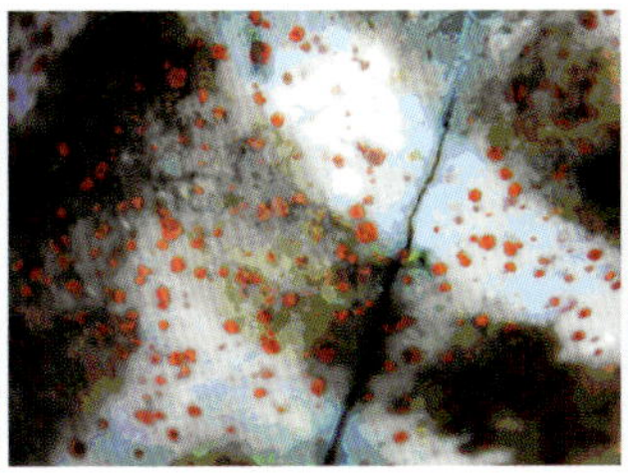
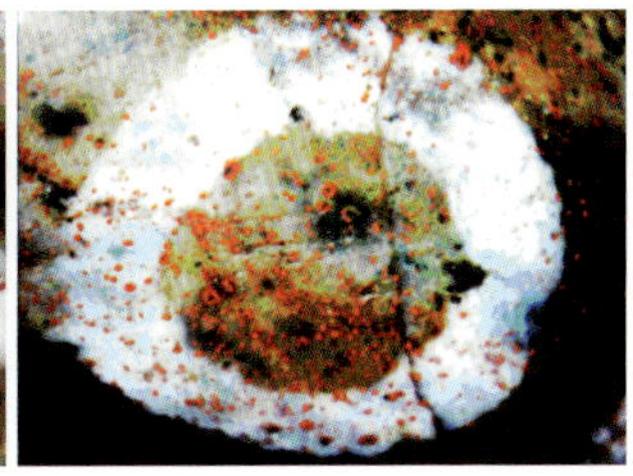

九、看刮削入药

天珠表面常有凹陷坑或表面崩缺，其形成原因有两种，一为入药制作甘露丸救人，另一种是碰撞造成。

入药作甘露丸的凹坑，是有规则的痕迹。老天珠表面大多都有入药的刮痕，以及在珠孔的一端或者两端都有画唐的磨迹，那是高僧大德经过审视加持选定可刮取用来制作藏药或甘露治病救人的天珠。天珠一旦入过药，显示着天珠的功德圆满，佩戴更有灵力。据说，刮取天珠所制作的藏药很有灵效。天珠能保佑身体健康，能驱赶疾病，所以会在藏药中加入少量的天珠刮粉。这样做虽然对天珠的品相有所伤害，但因为这颗珠子为治病救人而受了伤，天珠爱好者多把这种入过药的天珠称之为“善珠”。

因碰撞造成的崩缺，是不规则破损的痕迹。

天珠的刮药特征，多见本教后期的至尊老天珠，前期和中期的至尊老天珠少见。

取药图例：

1. 取药刮痕

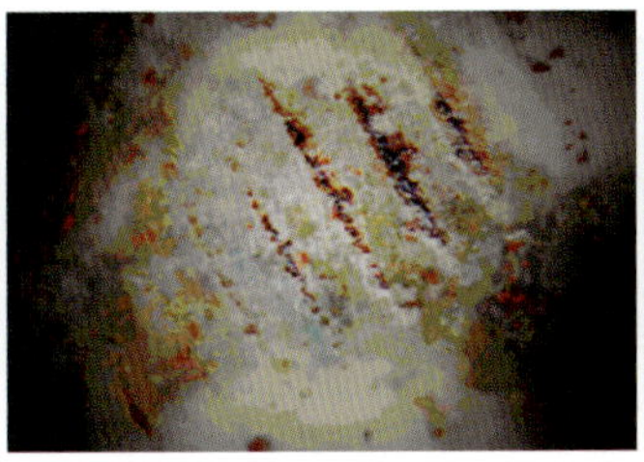
2. 刮痕处长出了水银沁

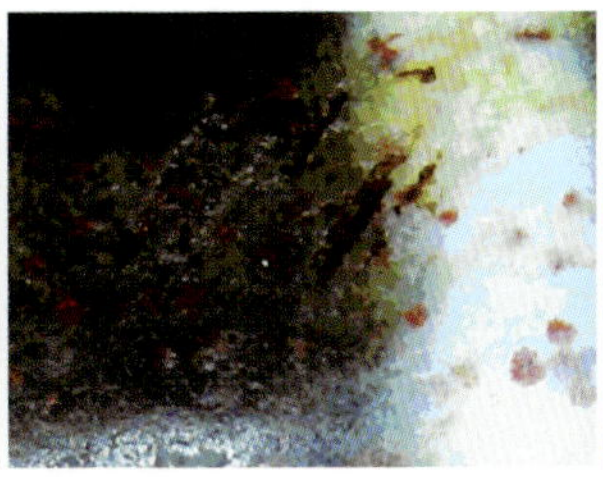
3. 没有章法乱刮取会造成不良后果

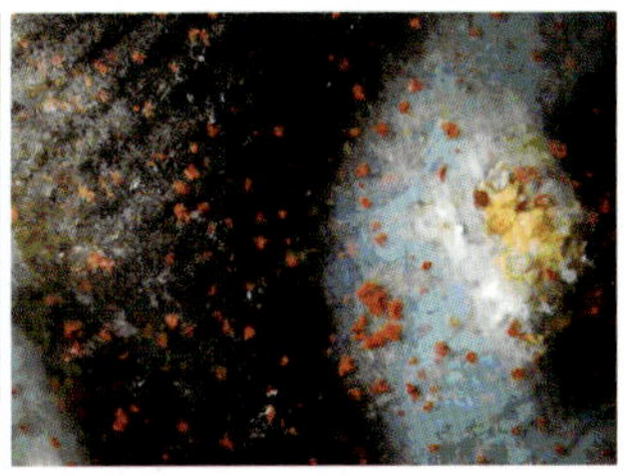
4. 取药刮痕年代久远，刮痕处布满红花沁

十、看天珠端口

一直以来，天珠界错误的认为天珠两端口内是白色才是老天珠，这观点不对。至尊老天珠用大量的实物向人们证明，从端口往里看依然是满布漂亮、美观的红花沁。

有人说西藏老天珠的两端是白色才是真的老天珠，才是上品，这是针对型二天珠而言。

端口，是多年来鉴别天珠年代的一个重要标志，为此不惜笔墨为读者提供大量天珠端口资料，有兴趣者要仔细观察。

孔道图例一

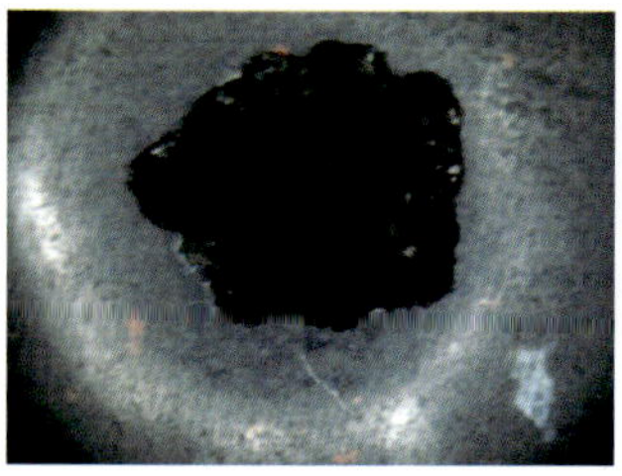

①此珠孔道小钻头打了11次。

②孔道是用小钻头先钻出多个小孔，然后再换钻头通开。

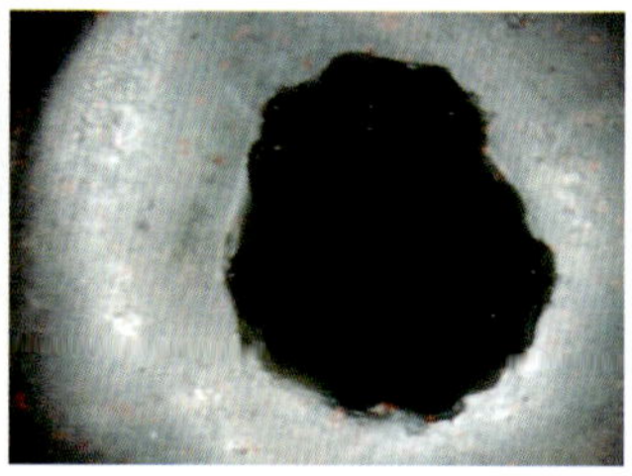

③小钻头多次打孔，孔道不圆 。

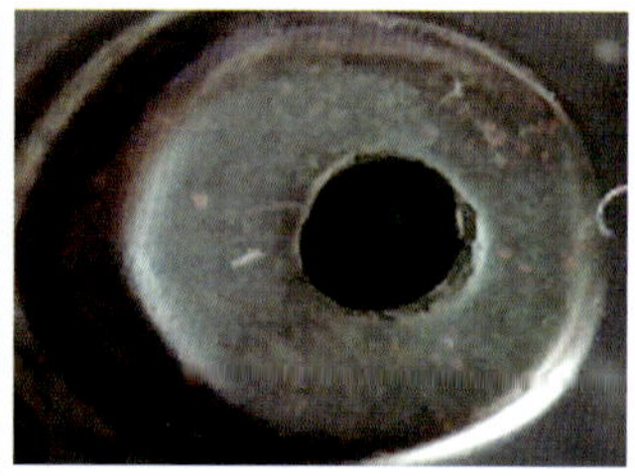

④一次完成的孔道。

孔道图例二

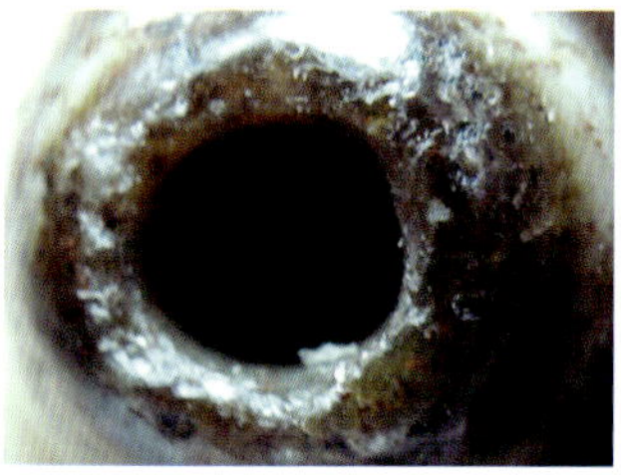

①孔道不圆，端口出现崩裂。

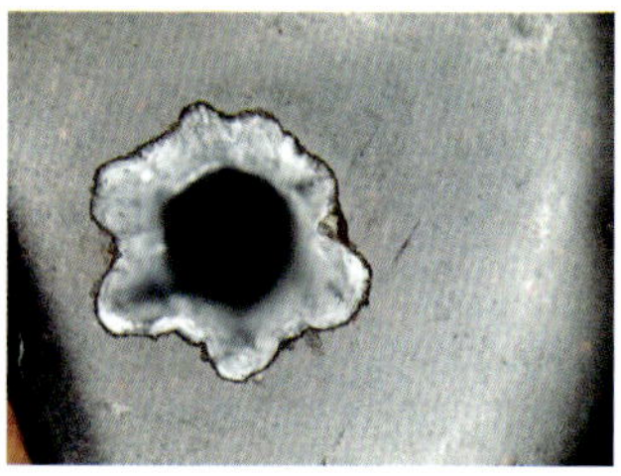

②老天珠端口不圆，又是不规则状，端口不应作为断代依据，只能说明工艺的拙劣。

③梅花样的孔道。

④这颗天珠的孔道呈倭瓜状，是多次小钻头开孔。

孔道图例三

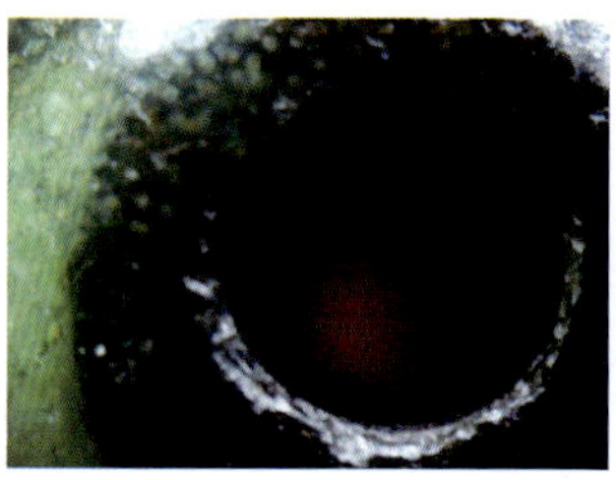

①能将孔道的边缘打得小有崩裂，工艺有所进步。

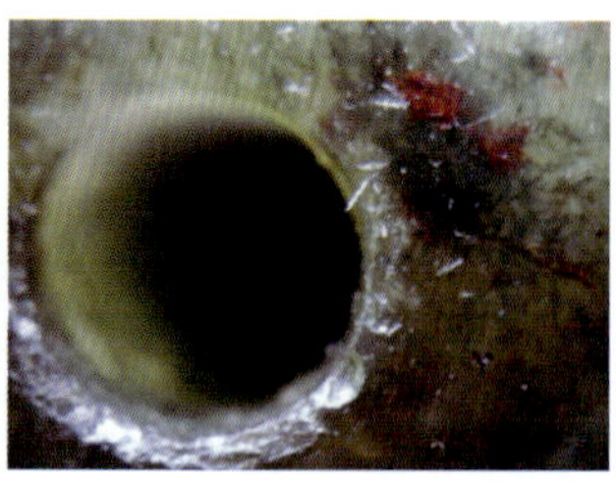

②这个打孔道的工具比从前先进。

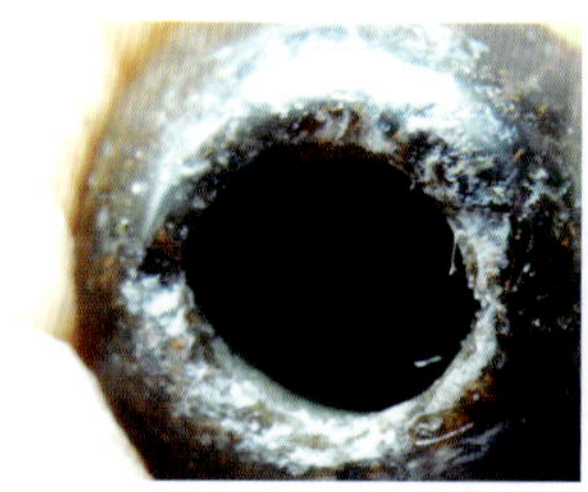

③这是五六钻才成形的孔道。

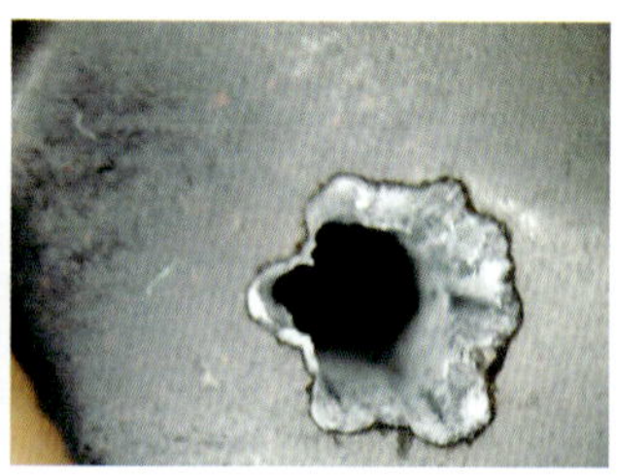

④这又是一种孔道打法，外口开得大。

孔道图例四

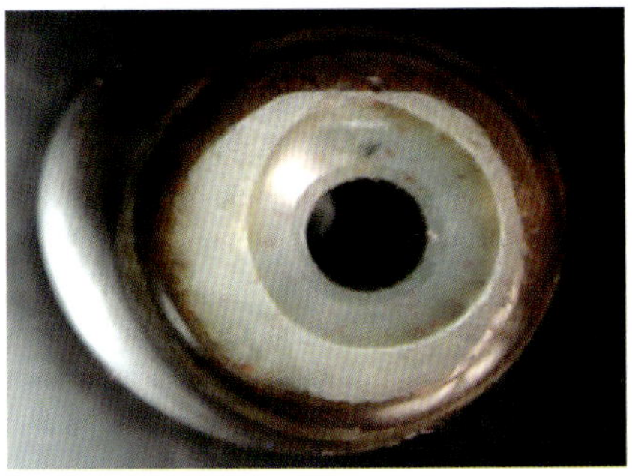

①标准的喇叭口。

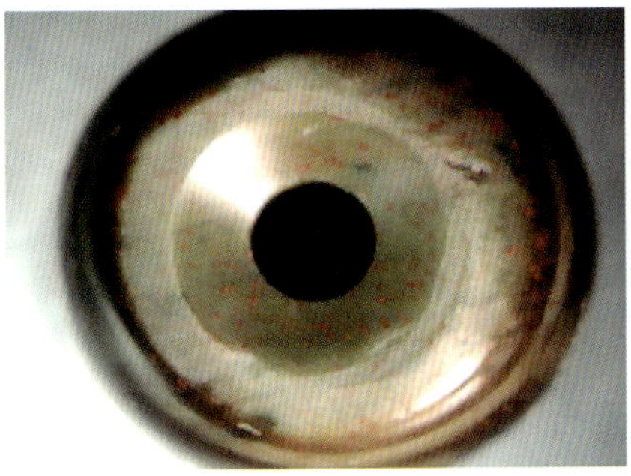

②非常规范的喇叭口形状。

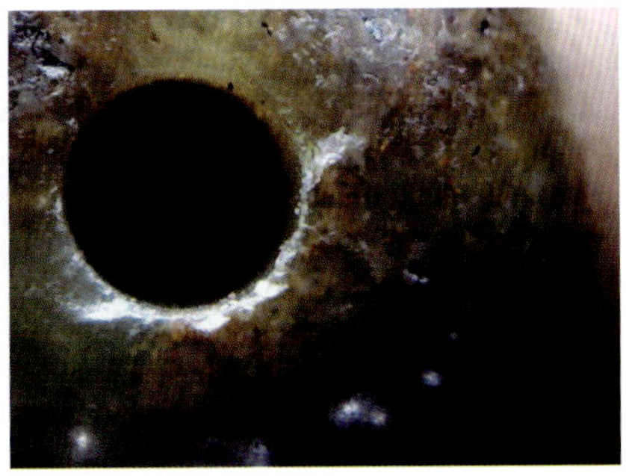

③这是一钻成形的孔道。

古代砣具打孔，非现代电动工具高速钻孔。经过千年以上的穿绳佩戴，天珠孔口光滑，无棱角，洞口比较宽。另外，极个别天珠的孔洞内也会有鱼鳞纹、朱砂点，这一点是任何做假天珠商，采用任何办法也仿制不了的。少数孔洞内还会出现风化纹。

十一、看天珠出处

老天珠，经历了几次灭佛运动，损毁居多。部分天珠则做为藏密伏藏，装藏；部分天珠土埋，随葬；最为上乘的则是技艺高超的工匠师、藏族上层、贵族的传世珠，保存传承至今，都是极为罕见珍贵的天珠。

（一）来源于装藏天珠的鉴别方法

装藏是在塑佛像时，先在佛像背后留一空洞，待开光之际，由主持高僧把经卷、珠宝、五谷及金属放入封上，这一过程称“装藏”。其制作工艺神秘特殊，时间、地点及参与的僧众都有特殊选择和要求。其中装有活佛、高僧及僧众之加持圣物以及五谷、有金银珠宝、甘露丸、嘛呢丸；有数种名贵藏药及药材；有七珍八宝、天珠、圣地花草、水土以及各类心咒、舍利粉和各种经咒、符等。

装藏天珠年代久了，会变成蓝色、橄榄绿色，不会有风化纹，珠体内部会出现大朵红花沁、黄花沁。

装藏天珠历经岁月消磨，底座的盖子脱落，使装藏天珠重现人间。有些天珠刚制作出来，便装进佛像内，没有人穿绳佩戴过，没有见过天日，没有经历过热胀冷缩的催残，得以完美的保存。很多人认为这种天珠比传世天珠更珍贵，更具有灵力。这种天珠因为没有明显的风化纹和熟透的皮壳，因为端口没有任何磨损，孔洞粗糙，感觉太新了，所以鉴定上更具挑战性。如果用放大镜细察，还会发现一些极细微的朱砂点。这种珠子一经佩戴，与人体贴身接触后，不久宝光立现，一两年后会出现古珠丰采。

（二）来源于供佛天珠的鉴别方法

供佛天珠年代久远，其包浆与传世天珠有明显的区别。供佛天珠的包浆是经过香火、酥油的烟熏蒸制而成。

富有的藏民会在佛坛上供各种珍宝，以天珠最为珍贵。

供佛天珠久经佛法的加持，灵力非凡，是修行者梦寐以求的珍宝。

供佛天珠久受坛前烟熏、酥油灯火的热力和恶劣气候影响，一是品相十分完好，二是没有皮壳，三是可能会有一些直线风化纹，细细察看会发现有透明薄层，表层会微显风化现象，内部透出些许风化纹。白色线条会显得略灰。经过人体佩戴，天珠会更快地油润起来。

（三）来源于火供法会天珠的鉴别方法

火供天珠表面会出现不规则裂缝。

火供就是用火焚烧供养物品奉献给诸佛菩萨的一种仪轨。供品包括佛教用品、食物、各种珍宝。如果供养的是天珠，供养者可以在法会结束后找回天珠亲自佩戴，不可转给他人。因为在火供仪式中，本人参加有过愿心，会获得有达以求加持力量。火供后天珠品相会变得很差，只有自己了解天珠供佛的意愿，即使经济价值大损在所不计。

◎轻度火供：原白色线条略灰，表面有细微的条状裂纹，珠面有薄雾，无油润光泽，佩戴后会很快地油润起来。

◎中度火供：原白色线条灰暗，珠面雾化，表面有细微的条状裂纹，无油润光泽，佩戴后会重现部分油润光泽。

◎重度火供：原白色线条十分灰暗，呈黑色，珠面严重雾化，可能有裂痕如松树皮，甚至可见珠身内部的鸡骨白，佩戴后不会恢复油润光泽。

（四）来源于出土天珠的鉴别方法

出土天珠。有的是人为埋于地下，以敬后人；有的是不小心丢失而埋在地下；有的是火供后埋在地下。天珠长期深埋地下，被地热慢慢烘焙，脱水，因而钙化。白色线条变得比较灰暗，珠面雾化或钙化，无油润光泽。长期佩戴后可以回复油润可能会重新长出朱砂点。出土珠的灰色比火供珠要淡一些，火供珠的灰色显得更灰黑。

地埋天珠是埋于土中日久后，珠体内的矿物质会出现酸化或硫化现象，像铁受硫化或金受酸化等，这种现象表现在珠体的色变现象或钙化现象，通常白线纹路上较明显，这种现象与火供天珠截然不同。

第五章

天珠的种类

没有博览过诸多天珠的人，要想分清天珠的种类，还是有一定难度的。因其天珠本身价值昂贵，数量稀少，很少有人将天珠的种类收集齐全，本书的目的是让更多朋友了解天珠、熟悉天珠，已至收藏供养天珠。

天珠的艺术创造，无论是形状或是图腾都有它不同的称呼及代表寓意。

任何天珠的灵力都是对应佩带者的五行而运转，只要找到适合自己的天珠就可以达到与天珠磁场同步共振，实现自己最初预期目的。真正天珠的灵力是否能完全发挥出来，完全取决于佩带者的信心和对天珠本身磁场启动。最初佩带天珠的人会出现各种不舒适的状况或是天珠的纹路和颜色发生了变化，都不要惊奇，真正的神奇是从供养天珠的第一天开始，就可以通过生活中发生的点点滴滴去感应和体会它的灵力了。尤其是舍利红花天珠，不管是哪一种类，都要比普通天珠的能量和价值高出十倍百倍。

为了便于归类和阅读，在介绍天珠时先以眼数多少、杠数多少为序排列，在天珠简介中有的还加入对数字的说明，目的是让读者更多了解数字的意义。

至今流传天珠的能量解读，是源于苯教早期的图腾，后人不断将自己的心得体验渗入，才使其理论逐步完善，下面我们就给读者介绍天珠的种类 。

——编　者

第一节　一眼天珠

一、数字“1”象征意义

数字“1”是万物开始的起源，是原始力量的根基，是传承事业的创造者，“1”就是神。“1”表示统一、自我、一致、独特、完整和无限。所有的事物都是从1开始的，通过对1的冥想就能得知由1而生2，2生3，3 生万物。”

二、一眼天珠简介

一眼天珠：是光明之珠。得天时地利之瑞，秉清明舒畅之德。佩戴者可得贵人扶持，坚定信念，促进聪明增长，令人际关系和顺。它能照耀佩戴者显现灵界难遇的光明。

一眼靠山天珠：是风水天珠。能调和磁场的能量。佩戴一眼靠山天珠的人无论走到哪里，再凶险的风水格局都不会对佩戴者构成威胁。因为天珠的能量一直如云雾笼罩着佩戴者周围，外来不利磁场不能侵犯。

一眼靠山天珠，功效显著而独到，除具有一眼天珠的功能外，还有开启慧眼的功能。图形的两座山是事业和家庭的养山，可以调和兴旺家庭及事业的各种因素，达到完美人生的极致，是任何人都期待拥有的圣物。家中供养一眼靠山天珠，则风生水起，家宅安康。能使人心思清明、心情愉悦、无往不利达成愿望。

三、一眼靠山至尊老天珠欣赏

(一) 单扛一眼靠山至尊天珠展示

图ZMTZO1-1：这颗一眼靠山至尊老天珠，重9.27克，长3.7公分，直径1.2公分。此珠特点：单杠，纹线大部分脱落,开窗泛绿，两山尖之间远隔，宽留头，外山高崇，内山紧俏，像似家庭固守，事业扩展。是热液成矿材质制作而成，生命能量极强。沁五颜六色。经历非凡，这颗装藏后又传世的宝珠。

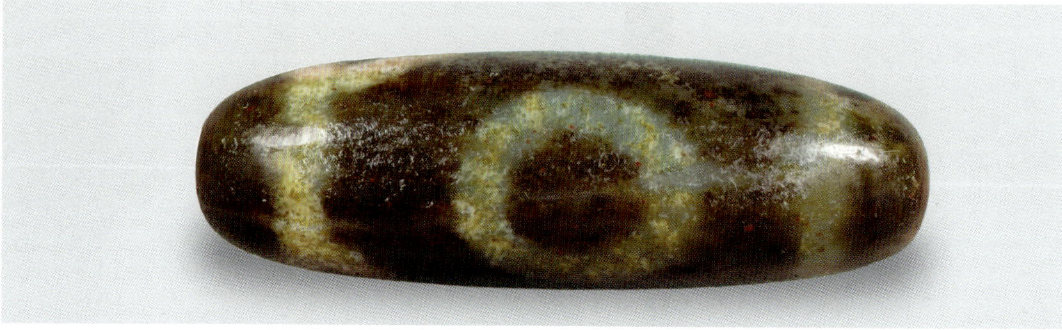

珠体内部图示：清雅，淡丽，红花点缀，像一幅美丽的油画

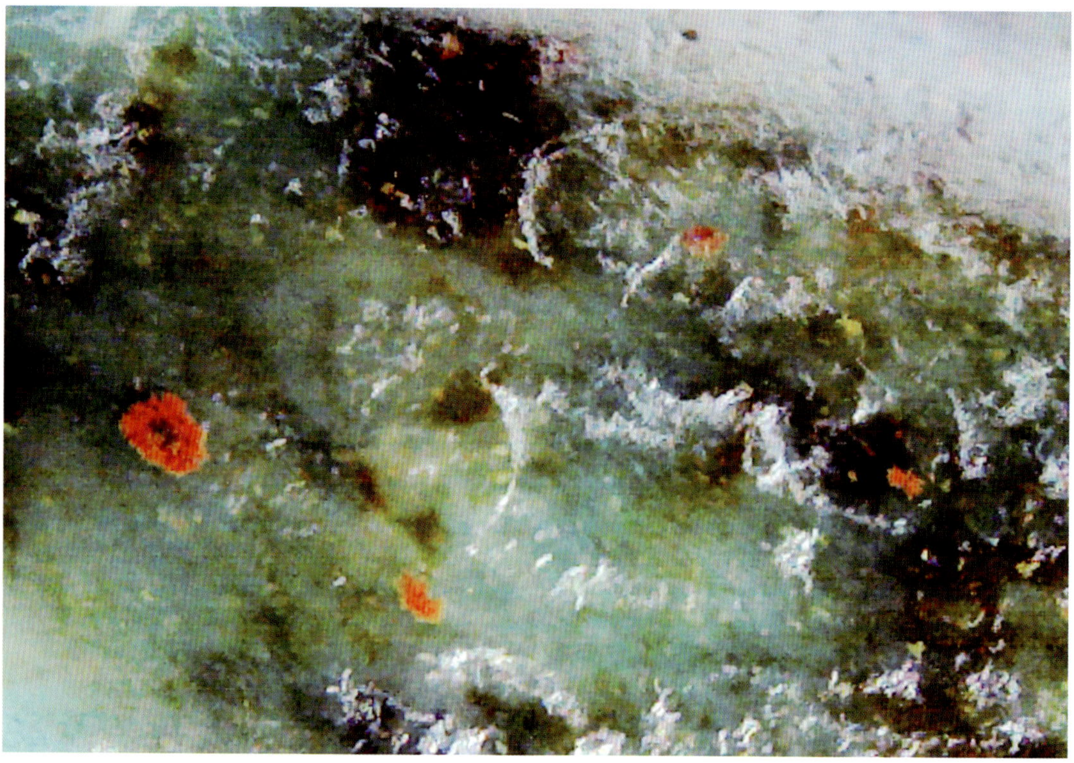

(二)双扛一眼靠山至尊天珠展示

图ZMTZ01-2：这颗一眼靠山天珠，重13.70克，长5.8公分，直径1.2公分。此珠特征：双杠，纹线清晰，大方得体，包浆沉静深厚，珠体呈三棱，是热液成矿材质制作的天珠，两山尖之间远隔，宽留头，外山高崇，内山紧俏，像似家庭固守，事业扩展。是颗罕见的宝珠。

(图 ZMTZ01-2)

（三）三扛一眼靠山至尊天珠展示

图ZMTZ01-3：这颗超长一眼靠老山天珠，此珠特征：三杠6线环珠珠体呈三棱，宽留头。

沁色欣赏

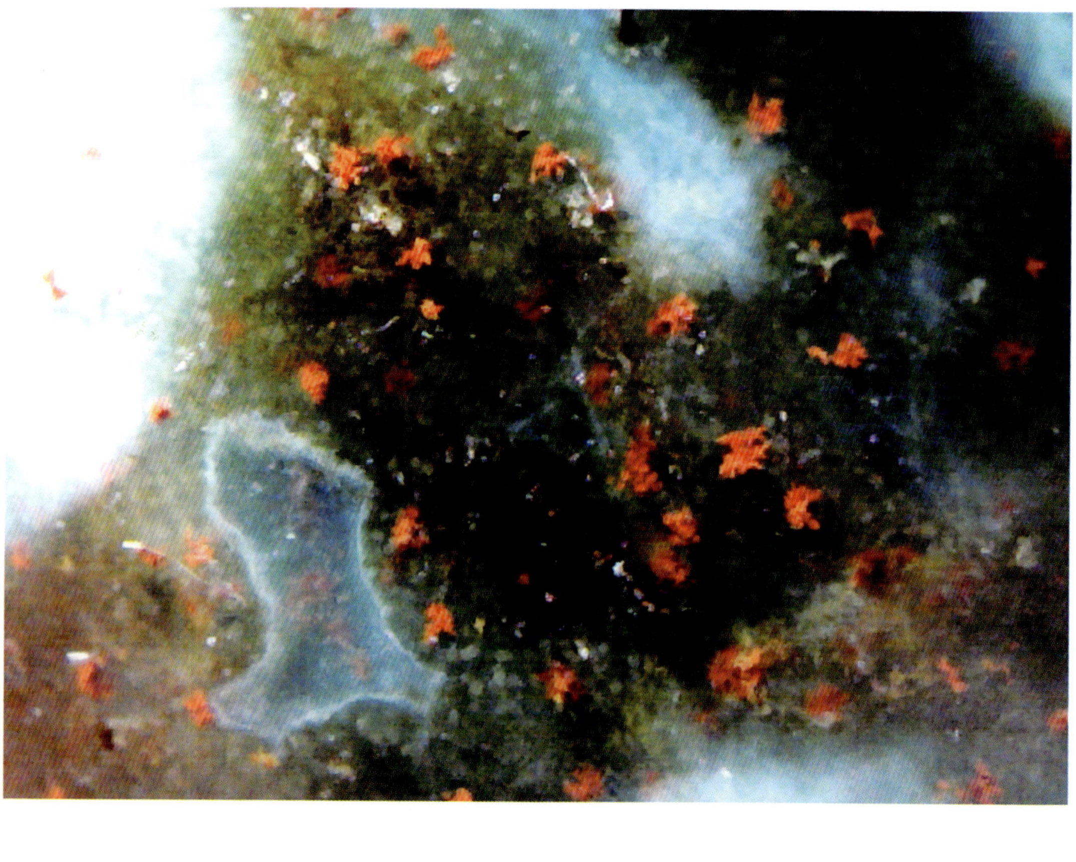

第二节　两眼天珠

一、　数字“2”象征意义

数字“2”的象征意义最具有矛盾色彩，它是二元论的代表。既能象征复合，又可表示分裂，既吸引又排斥，既融合又矛盾。这就是二元性，也就是分离和对立。二元性表示平衡，选择和决定。它是对分离的想象和联系。

基础的二元性包括：奇数与偶数、阴与阳、明与暗、上帝与魔鬼、主动与被动、生命与死亡、快乐与悲伤、健康与疾病等。

二、两眼天珠简介

两眼天珠：是圆融天珠。有调节转化的作用。有获得对方好感和信赖的能量，使婚姻美满夫妻和睦，又有利于事业。佩戴两眼天珠，可使人生得意，十全十美，聚吉纳财，健康长寿。能坚定意志，清净身心。可与所有人建立良好人际关系。并使智慧增长。能圆融家庭和事业的冲突。能使思想和行动一致，促使达到理想的目标。长久佩戴可以补充命运中的五行不足。适合生肖属鸡、狗、猪的人佩戴。最利金命和水命之人。

三、两眼天珠欣赏

(一)单杠两眼至尊老天珠展示

图ZMTZ02-1：单杠两眼老天珠，重量8.93克，长为3.9公分,直径1公分。此珠刚一入眼时是孔雀蓝色，久视则从线条中透绿。工艺精巧，线条粗细匀称，单杠，宽留头，布局大方得体。此珠出藏后，得高人赏识，爱不释手，意盘功力深厚。经历代传世珠体依然保存完好。实为两眼天珠中极品。

（二）双杠两眼至尊老天珠展示

图ZMTZ02-2：双杠两眼老天珠，长5.8公分，直径1.3公分，重点17.43克。此珠是热液成矿材质制作而成，呈棕褐色，包浆沉静深邃，布满朱砂沁。工艺精巧，纹线清晰，双杠4线环珠，中留头，布局大方得体。此珠得大成就者盘磨，意盘功力深厚。经历世代相传，珠体依然保存完好。实属罕见的两眼天珠中极品。

（图 ZMTZ02-2）

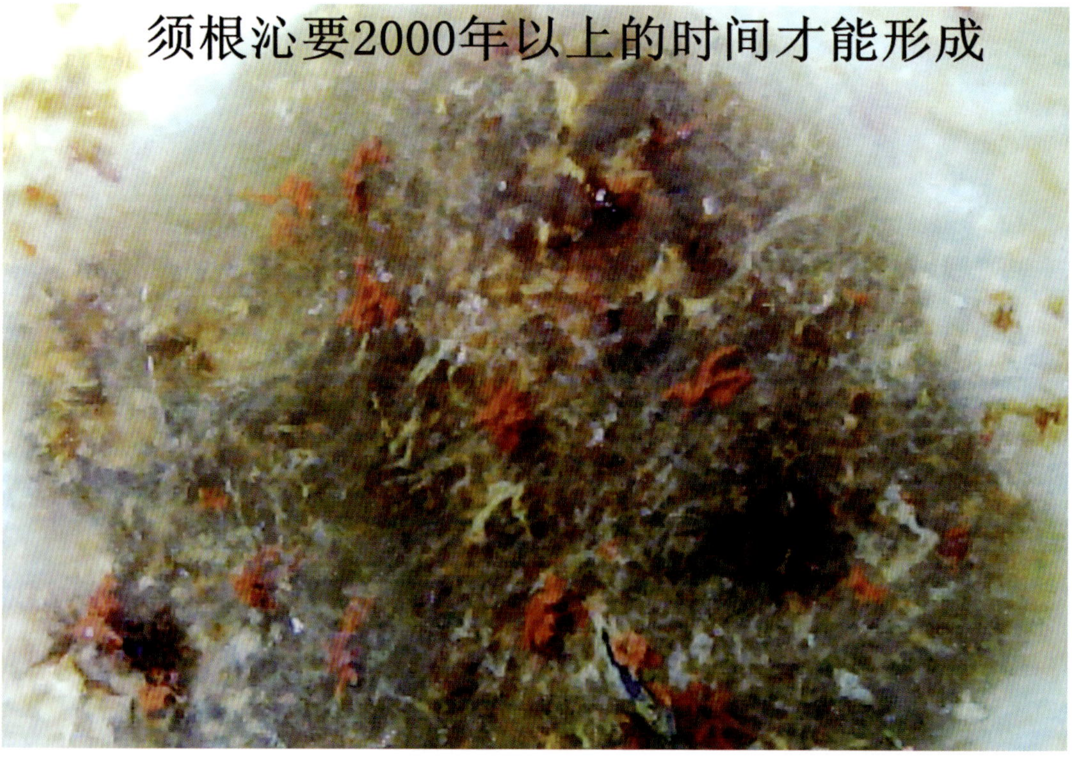

图ZMTZ02-3：此珠是热液成矿材质制作的天珠，呈棕褐色，包浆油润深邃，窄留头。珠长6.4公分，直径2.2公分，重46.73克。双杠4线环珠。珠体内部有五种以上颜色的须根沁，是经高僧盘磨，才会有如此景色。实属罕见的极品。

（图 ZMTZ02-3）

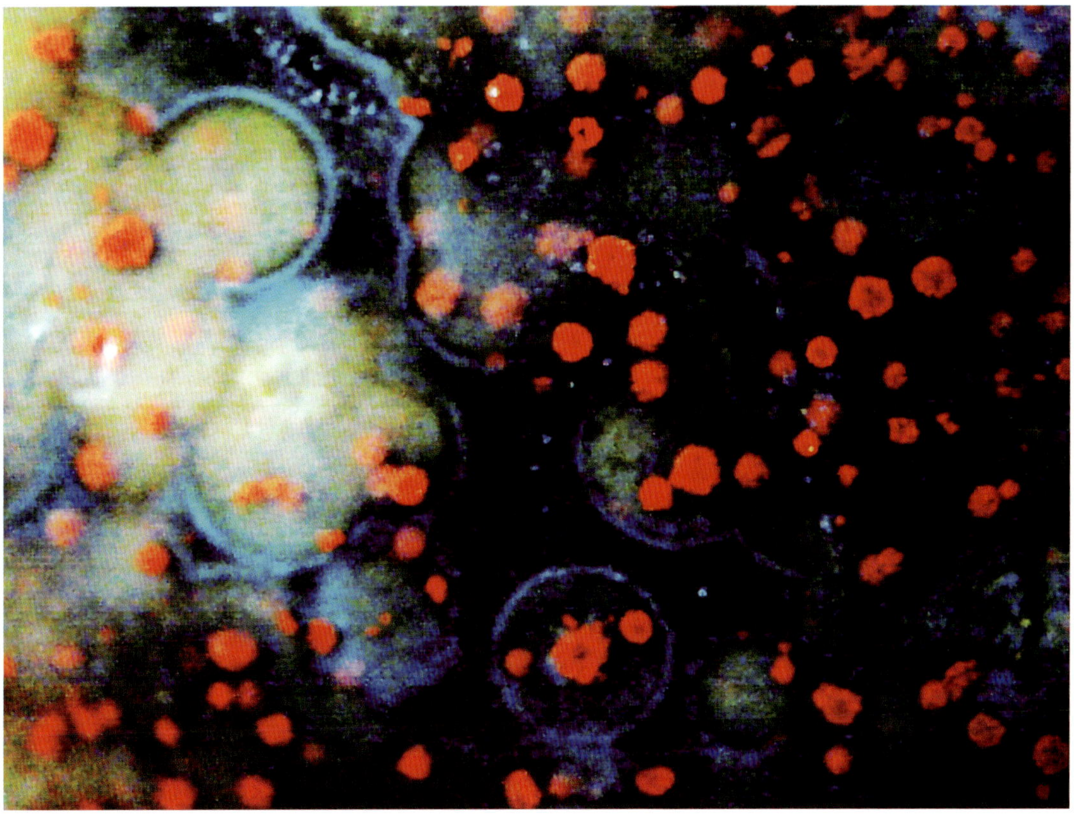

（三）三杠两眼至尊老天珠展示

图ZMTZ02-4：此珠呈棕褐色，没有碰撞痕迹，保存完好。珠体圆硕，包浆古沉。三杠6线环珠，中留头。

（四）双杠两眼角形天珠展示

图 ZMTZ02-5：双杠角形两眼天珠。

图 ZMTZ02-6：双杠角形两眼天珠。

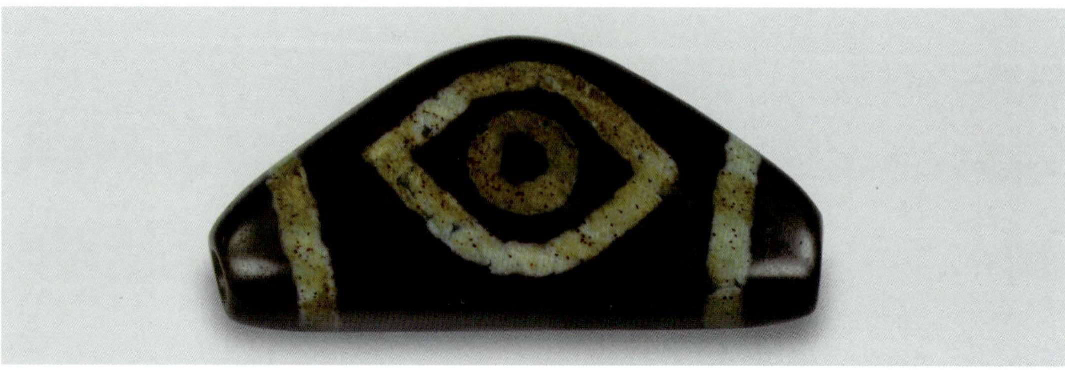

第三节　三眼天珠

一、数字"3"象征意义

数字"3"是个神秘数字，象征传统文化的宇宙框架，隐含了关于创造力量的各个方面，如头、脑、身体与精神，出生、生命与死亡，过去现在与将来等等。在许多宗教传统中，"三位一体"的象征各有其不同的故事与寓意。

在毕达哥拉斯眼里，"3"是一个和谐的数字，亚里士多德则认为"3"代表完整，因为"3"既有首尾，又有中部。

道教同样认为"3"是力量的象征，因为它暗示着一种中心元素。

二、三眼天珠简介

三眼天珠：是财神天珠。具有增加财富的效益。得天时、地利、人和，能生出一切财宝。象征身、口、意圆满，得福、禄、寿三星帮扶，获福、禄、寿的吉祥能量补充，是增福、得禄、增寿的宝珠。可使佩戴者吉星拱照、障碍平息、财富不断，是一颗能满足佩戴者心愿的如意宝珠。适应生肖属兔，龙，蛇的人佩戴。极利木命和火命之人。

三佛眼天珠：三眼天珠中以三佛眼天珠最受欢迎，修持者可通过此天珠能量的不断加持，获得开发三明的缘起（即前际明，宿命通；当前明，天眼通；后际明，漏尽通）。即使一般人佩带也可以获得大智慧，极快的增进才气、福气和官运。

三眼·佛心天珠：系指太阳（精神）与月亮（物质）之聚散离合的变化。执掌福、禄、寿三星（福者财宝，禄者官位，寿者长命）。

三、三眼天珠欣赏

（一）单杠三眼至尊老天珠展示

图ZMTZ03-1：此珠呈黑白相间，纹线泛绿，窄留头。重11.75克，长3.8公分，直径1.3公分，单杠两线环珠。三眼的图腾，两眼是半圆兜揽。一眼外面有方形，方形上下两边呈曲折线。

（二）双杠三眼至尊老天珠展示

图ZMTZ03-2：三眼老天珠，双杠4线环珠。纹线泛绿，宽留头。

（三）单杠三佛眼至尊老天珠展示

图ZMTZ03-3：此珠呈黑白相间，纹线泛蓝，齐留头，单杠三佛眼天珠，长3.7公分，直径1公分，重7.20克，包浆古沉。难寻之宝珠。

（四）双杠三佛眼至尊老天珠展示

图ZMTZ03-4：此珠呈棕褐色与白色相间，纹线清晰，珠体开窗，中留头。包浆古沉。双杠4线三佛眼，一眼圆睁，静观审视。是颗难寻罕见的大三佛眼。

（五）三杠三佛眼至尊老天珠展示

图 ZMTZ03-5：三杠三佛眼至尊老天珠，双杠 4 线环珠。

（珠体内部欣赏）

第四节　四眼天珠

一、数字“4”象征意义

数字“4”是代表均衡的基础。“4”不仅象征四方、四时含义，“4”也是一个理性的数字，象征着才智。西方传统中有四种元素土、火、气和水以及四种气质。

中国传统文化对“4”还是有所偏好的。传说中四个君主保护玉皇大帝这个中国传统宗教中的最高神。人们用四种护身符击退邪恶的侵袭。

四艺即琴、棋、书、画；文房四宝为笔、墨、纸、砚；

四德是清廉、谦逊、责任和重礼仪；“四种高尚真理”构成佛教基石。

美洲人认为，四是宇宙的核心原则。

玛雅人有四种颜色和自然年的四种“记法”。

阿兹台克人的宇宙意识中，四株世界树支撑天穹。

二、四眼天珠简介

四眼天珠：是智慧天珠。获四大金刚护法保护，可获得清净无碍的智慧力加持，可吸引天地日月的能量，获得四种智慧。也可使事业、财富、权势等一切世间福报自然增长。

佩戴四眼天珠可得大悲观音、大智文殊、大愿地藏、大行普贤等四大菩萨的福慧加持。可使地、水、火、风四大力量调和。能消除灾厄，扫清一切障碍，达到事业腾飞，财富聚集，财运四通八达的目的。可使佩戴者减轻生老病死之苦。适合生肖属兔、龙、蛇的人佩戴。

三、四眼天珠品类欣赏

（一）单杠四眼至尊老天珠展示

图ZMTZ04-1：此珠呈棕褐色，纹线泛蓝，单杠3线环珠，中留头。长3.9公分，直径1.2公分，重9.23克。四眼均由半圆形包裹与中间一杠组成封闭的大半圆。寓意四大菩萨护佑加持。

（二）双杠四眼老天珠展示

图ZMTZ04-2：此珠呈棕褐色，珠体部分开窗，双杠5线环珠，中留头。长7.2公分，直径1.7公分，重31.36克。

（三）三杠四眼至尊老天珠展示

图ZMTZ04-3：此珠呈棕褐色，珠体部分开窗。三杠7线环珠，窄留头。重31.92克，长8公分，直径1.5公分。

须根沁欣赏

（四）双杠角形四眼老天珠展示

图 ZMTZ04-4：双杠角形四眼天珠。

沁色欣赏

第五节　五眼天珠

一、数字“5”象征意义

数字“5”代表生命、活力和人性。“5”不仅存在人们的日常生活中，而且存在于人类社会的人文精神领域，以及社会科学、自然科学的各个领域。

在中国文化中，“五”象征着“基本”、“基础”和“不可更改”的意思，是五个方位的象征，也是五种元素的总称。“5”还象征着无穷无尽。

在中国的神秘文化中，最重要的“五”结构就是“五行”。五行分别处于东、西、南、北、中五个方位，又有各自的元素和属性。这五种元素，即金、木、水、火、土最基本的元素结构，“五行相杂以成万物”，天地万物都在这五种元素的基础上形成。

五角星形也暗示了“5”这个数字的重要性。当五角星形中两点朝下，一点朝上的时候，便可以看做直立的人形，有头、胳膊和腿。

易经上说：“天数五，地数五，所以人体生五指、五官及五脏。食有五味、五谷。人伦有五长、五伦、五刚，佛法教育有五蕴。

二、五眼天珠简介

五眼天珠：是吉祥天珠。得东方金刚部、南方宝生部、中央佛部、西方莲花部、北方羯摩部五方佛的加持，五路财神齐聚。成就身、口、意、功德、事业，护佑家业路路亨通，五路进财无往不利。

五眼虎牙闪电：五眼为地、水、火、风、空五大元素，虎牙闪电为质量转换。有助提升精神意识，调理改善虚弱体质，增强免疫功能。

五眼闪电天珠：具闪电纹路，有不可思议的能量感应，有勾招财运、势力的功能，是最好的护身宝物，可以凝聚财势和命气不散，维护绝对权威，调整周围不利的五行矛盾，掌握事业运程。大利五行缺土的人佩带。

五福临门天珠：能成就一切功名，事业，福寿，健康，财富和姻缘。

以上五眼天珠适合各种生肖的人佩戴。

三、五眼天珠品类欣赏

（一）单杠五眼老天珠展示

图ZMTZ05-1：此珠呈棕褐色，单杠两线环珠，纹线清晰，珠长3.8公分，直径1.2公分，重9.01克。齐留头。一端内杠与三眼顶线相连，一端内线与两眼顶线相连接，工艺细巧。

（二）双杠五眼至尊老天珠展示

图ZMTZ05-2：此珠特征，双杠4线环珠，一端内杠与三眼顶线相连，一端内线与两眼顶线相连接，留头适中，工艺细巧。

（三）三杠五眼老天珠展示

图ZMTZ05-3：此珠特征，珠体有部分开窗，窄留头，珠长8.3公分，直径1.5公分，重33.71克。三杠6线环珠，两眼外框图形规整。

沁色欣赏

（四）五眼闪电天珠展示

五方佛加持，步步高升，气宇不凡。使运势飞腾高举，财源不断。此珠效应神速，除具有普通五眼天珠的能量以外，还有勾招财运和势力的功能，可以凝聚财势和命气不散，维护自己的绝对权威，调整周围对自己不利的一切因素，任意掌握事业运程，是达官贵人最好的护身宝物。

图ZMTZ05-4：五眼闪电天珠，单杠两线环绕。齐留头。长3.9公分，直径1.1公分，重8.67克。

图ZMTZ05-5：五眼闪电天珠，三杠6线环绕。宽留头。

第六节 六眼天珠

一、数字“6”象征意义

数字“6”是统一与和谐的象征，用两个一正一反组合在一起的三角形符号来表示，其中一个三角形尖向上，代表阳性象征火与天空。另一个三角形尖向下，代表阴性象征水和土。这符号就是现在众所周知的大卫之盾，是以色列和犹太团结一致的象征，同时也是人类灵魂的代表符号。

6代表意识的显露和净化。圣奥古斯丁认为“6”含义非同寻常，因为它是头3个数字（1，2，3）之和，是一个完美的创造在6天得以完成。六芒星是由两个拥有互相对立特质（火和水）的三角形构成的，给身心实质带来整体化的认识，从而促成和谐。

到了现代，“6”又有了新的象征意义，象征着走好运，事业顺利，“六六大顺”具有祝福佩戴者事业发达的寓意。

闻名于世的中国第一个皇帝、中央王国的缔造者秦始皇喜欢六进制，并把他的帝国分为36个军事行省，每一个行省由一名文官和一名武官管制；秦朝之后的汉朝采用的是九进制。古代中国占主导地位的数字概念是以五为基础的。

在传统上把身体分为六部分（即头、躯干、双臂、双腿），把人的情感分为六种（即愤怒、痛苦、憎恨、欢乐、欲望、爱）；另外还有“六大河流”，“六国之君”等说法。

二、六眼天珠简介

六眼天珠：是解脱天珠。六眼天珠展示了宇宙本体是由地、火、水、风、空、识（阴阳）六大元素所构成。能解脱六道之苦、消灾解厄，并消除事业当中的各种阻碍因素，趋吉避凶、息灾增益。恢复人体生理机能。

适用任何人群供养。更利于水性和木性人佩戴。

三、六眼天珠品类欣赏

（一）单杠六眼至尊老天珠展示

图ZMTZ06-1：此珠呈棕褐色，纹线泛蓝绿色，单杠两线环珠，中留头。长3.8公分，直径1.3公分，重11.41克。图腾是九眼的做法，拐弯直角。

（二）双杠六眼至尊老天珠展示

图ZMTZ06-2：此珠呈棕褐色，珠体泛蓝，窄留头。长5.6公分，直径1.3公分，重18.13克。

（三）三杠六眼天珠展示

图ZMTZ06-3：此珠呈棕黑色，纹线泛蓝，三杠6线环珠，宽留头。长7.8公分，直径1.5公分，重32.09克。拐弯一抹一直角。双杠线条宽窄不匀。

（四）单杠六佛眼老天珠展示

图ZMTZ06-4：此珠呈棕黑色，纹线清晰，中留头。单杠两线环珠。长5.1公分，直径1.3公分，重17.88克。六佛眼是来自密坛四重九类的第六类即六佛眼。

（五）双杠五彩六佛眼老天珠展示

图ZMTZ06-5：此珠呈棕黑色，纹线有部分脱落，中留头。双杠4线环珠。长8公分，直径1.6公分，重34.82克。

（六）三杠六佛眼至尊老天珠展示

图ZMTZ06-6：此珠呈黑色，纹线清晰。窄留头。三杠6线环珠。长8公分，直径1.6公分，重34.82克。是难寻的超大六佛眼。

第七节　七眼天珠

一、数字“7”象征意义

数字“7”是宇宙和精神世界井然有序的象征，代表自然界的轮回更替和完整统一。有人认为，“7”之所以受到众多民族的崇拜，是因为“7”是3、4之和，而3和4在古代希腊许多国家、许多民族把它视为一个神秘、神圣的数字，对它十分崇仰敬畏。

古代许多民族知道太阳、月亮、水星、金星、火星、木星、土星。日月星空，给人间带来了光明、温暖和生命、潮涨潮落、无不与日月星辰有神秘的联系。于是，“7”也就蒙上了种种神奇色彩，充满魔力。进入了各种宗教传说、神话故事及典籍制度中。

二、七眼天珠简介

七眼天珠：是除恶运天珠。可以解除一切恶意磁场侵袭，抵抗各种煞气相冲相克，化解所有不利因素，以最快的速度扭转乾坤，以神奇的能量化险为夷，是改善整个事业运程的如意宝珠。

七眼天珠，表示夜空中所见的北斗七星，是“药师七佛”的具体象征，掌控一切运势、功名、事业、财富、健康、长寿、姻缘的象征。可使正法不断增长、大吉大利、福慧圆满。适宜于生肖属马、羊、猴的人佩戴。

三、七眼天珠品类欣赏

（一）单杠七眼至尊老天珠展示

图ZMTZ07-1：单杠七眼老天珠，重量15.34克，长4.2公分，最大直径1.5公分。珠体圆硕，纹线泛绿。七眼的眼数组合为：5+2。实为天珠中极品。

沁色欣赏

（二）双杠七眼至尊老天珠展示

图ZMTZ07-2：此珠呈黑色，纹线透绿，包浆深邃。双杠4线环珠，小留头。重量达53.39克，长7.2公分，最大直径2.2公分。珠体几乎圆形。七眼的眼数组合为：5＋2。

沁色欣赏

（三）三杠七眼至尊老天珠展示

图ZMTZ07-3：此珠呈棕黑色，纹线泛蓝，重量达35.68克，长8公分，最大直径1.6公分。珠体几乎圆形，手摸有很小的棱面，三杠6线环珠。中留头。七眼数组合为：5+2。

沁色欣赏

第八节　八眼天珠

一、数字“8”象征意义

数字“8”是宇宙调和统一的标志，是更新、重生或祈福的象征。

八方则指的是四方（东、南、西、北）四隅（东南、东北、西南、西北〉的总称。一则是指立春、立夏、立秋、立冬、春分、夏至、秋分、冬至八节。还有八代、八音、八儒、八谷等各种说法。

“八”在粤语中读音是“发”，所以，盼望发财的香港人都特别青睐“八”。

二、八眼天珠简介

八眼天珠：是起运天珠。是八宝吉祥的符号。是所有处于劣势行业者的起运宝珠，迅速突破所有抑制自己的力量，达到渴望中的理想地位，圆融周围环境磁场，能获众人尊敬和羡慕。可得八大护法的加持和护佑，平息八部的伤害，获八正道。可使一切和谐顺意，吉祥圆满，福德增长，金玉满堂。

能使佩戴者凡有所求皆能称心如愿心想事成。宜于生肖属鼠、牛、虎的人佩戴。

三、八眼天珠品类欣赏

（一）单杠八眼至尊老天珠展示

图ZMTZ08-1：此珠呈棕褐色，纹线透绿，包浆古沉。单杠3线环珠，齐留头。内四眼圆顶遮掩，外四眼半圆弧形兜揽。

（二）双杠八眼老天珠展示

图ZMTZ08-2：此珠呈棕褐色，纹线透蓝，包浆古沉。双杠6线环珠，齐留头。内四眼圆顶遮掩，外四眼半圆弧形兜揽。

第九节　九眼天珠

一、“九”的数字象征意义

数字“九”是一个很奇怪的数字。在佛教以及凯尔特文化中，都是最有力于吉祥的数字，是最强有力的阴阳象征。

从古到今，人们都承认九最大。天地间的数字“始于一，终于九。”“九”是神圣的，代表吉祥幸运的数字。从9个正方形生成81个正方形而组成的曼荼罗，被认为是宇宙的象征，所以常用曼荼罗作为预言与占星术的辅助工具。

数字“九”由“3”自乘得来，代表永恒与完整，并与圆圈、正方形与三角形等几何图形密切相关，象征了更高权威，可以归纳出等级差别、多数、富裕、程度深等多重象征意义。

二、九眼天珠简介

九眼天珠：是永恒天珠。是自然界九大行星的象征，是尊贵与神圣、永恒与明亮的象征。九眼天珠是具足所有天珠的能量与功效，可以随心所欲地达成自己的意愿。

可使佩戴者增加至高无上的尊贵气宇，获得九乘佛法的领悟缘起。升华精神意识、活跃思维。可使慈悲自然增长，增强功德利益。调和五行之力，开通世间事业迅获成就，使自己与环境磁场完美统一。有离苦得乐之意。使智慧、事业、运程、爱情、家庭和财富等所有的磁场都获得整体提升。可达到一切圆满、增长福寿及财富的最高境界。宜于生肖兔、龙、蛇的人佩戴 。

三、九眼天珠品类欣赏

（一）单杠九眼老天珠展示

图ZMTZ09-1：此珠单杠九眼，齐头，单扛4线环珠，拐弯直角、抹角掺杂，线条粗陋。珠长3.8公分，直径1公分，重7.48克。

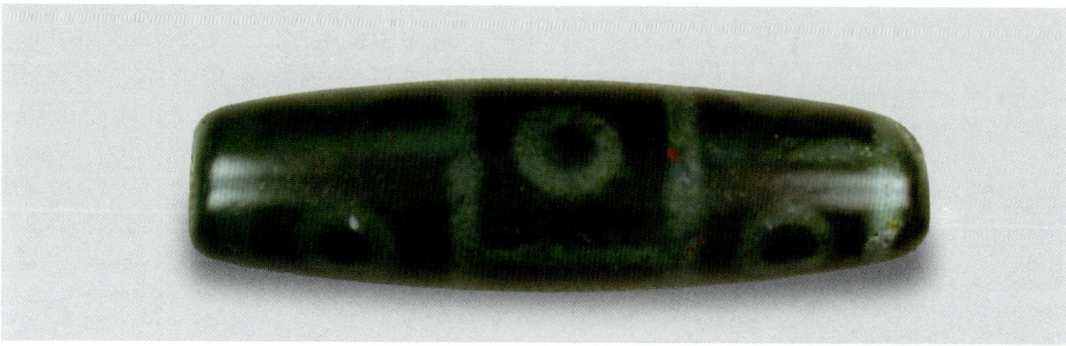

图ZMTZ09-2：此珠单杠九眼，4线环珠，呈棕黑色，齐头，拐弯直角，线条粗陋。长50公分，直径1.5公分，重19.27克。

（二）双杠九眼至尊老天珠展示

图ZMTZ09-3：此珠呈棕黑色，重74.88克，长7.8公分，纹线泛蓝，珠体布满红花，包浆深邃，双杠4线环珠，中留头，拐弯抹角，线条工整，纤巧。是热液成矿材质制作而成，经大成就者世代盘磨，内部才有如此美景，是罕见难寻的传世镇宅之宝珠。

（图ZMTZ09-3）内部沁色欣赏

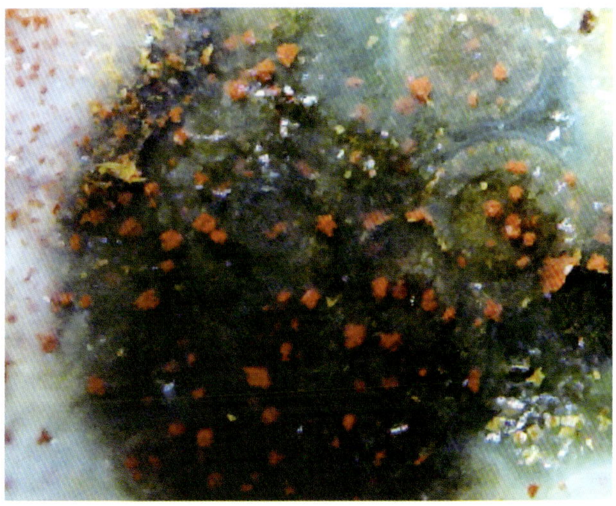

（三）三杠九眼老天珠展示

图ZMTZ09-4：此珠呈黑色，纹线泛绿，包浆古沉，三杠6线环珠，窄留头，拐弯抹角。长8公分，直径1.5公分，重37.84克。线条工整，纤巧。

沁色欣赏

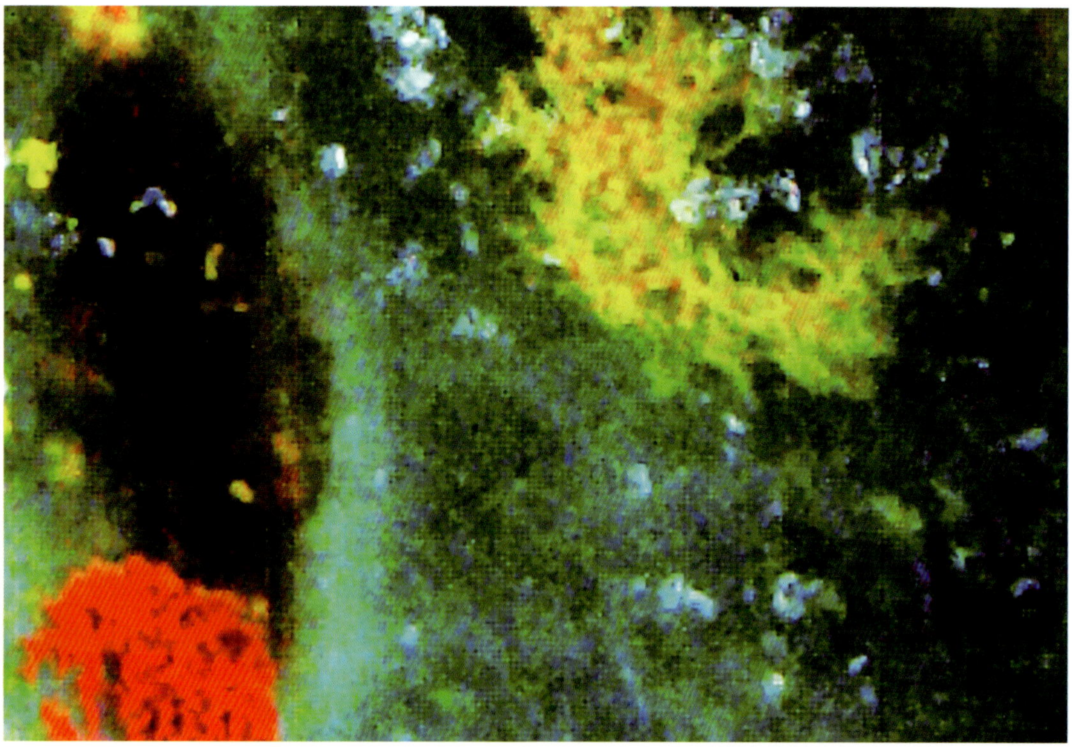

第十节　十眼天珠

一、数字“10”象征意义

数字“10”是完美的象征。在犹太传统中，这一神秘的数字暗示着某种完整和统一，上帝故此传谕给摩西十诫，这十诫高度概括了希伯来人最为重要的宗教义务。

在毕达哥拉斯的数理体系中，十是全体和创造的象征，通常用一个十角星来表示。人刚好有十个手指，十因此是完美的象征，

十分之一几乎成了全球通用的纳税准则，战利品、财产或农作物均得抽出十分之一敬奉神灵或国王—这就是十一税体系的起源。

在中国，“十”是一个绝对平衡的数字，由两根垂直交叉的线来表示，水平的一根略短。

“十”代表阳性和阴性数字的结合，因此又是婚姻的象征。

“十”还象征着历史的转折点或者神话故事中的一个轮回，十全十美。

二、十眼天珠简介

十眼天珠：是威德天珠。由十相自在的功德加持，对生性软弱和威势不够的人有贴合命的补充效果。尤其有利于位高权重者显现其本有的威德势力，使万事顺畅、人生得意，十全十美，驾驭如意人生。可使佩戴者尊贵圆满、和平喜乐、 除业障、生威德、得人心、获爱慕的宝珠。使自己与环境磁场完美统一达到最高境界。宜于生肖属鸡、狗、猪的人佩戴。

三、十眼天珠品类欣赏

（一）双杠十眼老天珠展示

图ZMTZ10-1：此珠呈棕褐色，纹线部分脱落，重27.99克，长7.2公分，直径1.3公分。双杠4线环珠，纹路清晰。图腾分两面各五眼，用两平顶拱形套锁。两端口有画唐入药，是颗善珠。

沁色欣赏

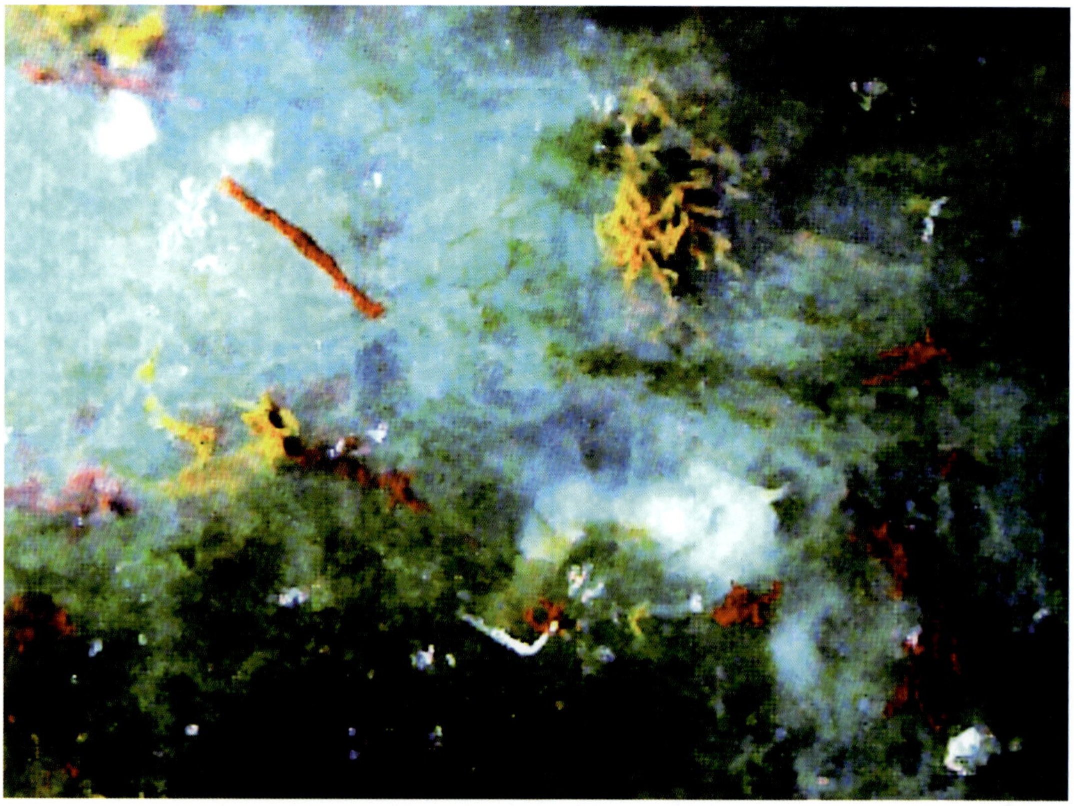

第十一节　十一眼天珠

一、数字“11”象征的意义

在数学中“11”是最小的循环单位质数。在花语中：“11”是代表“一生一世”在节日中：“11”指“11月11日”为“光棍节”。

二、十一眼天珠简介

十一眼天珠：是能量天珠，专门调和磁场能量。家中有财位被冲或是被克制，以及手相、面相等不完美等处都可以籍由此珠的能量得到补足。可获得强劲的运势，扶助命气和元真。并获得大悲十一面观音的缘起加持，显现事事如意、圆融无碍、圆满吉祥的运势。是五方佛及六字大明咒呈现出来的传承法物，聚集福慧。适于生肖属马、羊、猴的人佩戴。

三、十一眼天珠品类欣赏

（一）单杠十一眼至尊老天珠展示

图ZMTZ11-1：此珠呈棕褐色，纹线泛蓝色，包浆古沉，中留头。长5.8公分，直径1.3公分，重17.99克。图腾一面五眼，五眼中间的一眼类似佛眼，一面六眼，单杠两线环珠。

（二）双杠十一眼至尊老天珠展示

图ZMTZ11-2：此珠呈棕黑色，纹线泛绿，部分开窗，包浆古沉，中、小留头。长7.5公分，直径1.5公分，重30.29克。图腾一面五眼，五眼中间的一眼类似天地眼，一面六眼，双杠4线环珠。

（三）三杠十一眼天珠展示

图ZMTZ11-3：此珠呈棕黑色，珠体呈扁形，纹线清晰，包浆深邃，中留头。长7.8公分，直径1.4公分，重30.14克。图腾一面五眼，五眼中间的一眼类似眼中眼，一面六眼，，三杠6线环珠。是传世之宝珠。

沁色欣赏

图ZMTZ11-4：这颗十一眼天珠，呈黑色，一面五眼，五眼中间的一眼是眼中眼，一面六眼，三杠6线环珠。纹线清晰。

沁色欣赏

第十二节　十二眼天珠

一、数字“12”象征意义

数字“十二”是占星术、古代天文学、历法中有关时间与空间最基本的数字，特别是在基督教和犹太教传统中，“十二”获得了更为重要的象征意义，是深受上帝垂爱的人。“十二”还代表宇宙组织，天象区域以及时间的周期（十二月份，昼夜各十二个小时，中国的十二生肖年)。

二、十二眼天珠简介

十二眼天珠：是养颜天珠。因具有药师佛的加持，故而在治疗疾病和美容方面有特殊的功效，佩带在身或将此珠放在患处，反复搓揉，可明显减轻病情，获得好转甚至痊愈。气血自然红润有光泽，具有动人神韵。是养颜健身的圣物。

在“药师经”里有十二神将，就是十二生肖（时辰），能满足众生一切所求，要长寿得长寿，要富贵得富贵。宜于生肖属鸡、狗、猪的人佩戴。

三、十二眼天珠品类欣赏

（一）单杠十二眼老天珠展示

图ZMTZ12-1：这颗十二眼老天珠，呈棕褐色，纹线泛蓝，大部分脱落，小、中留头，长6公分，直径1.3公分。重9.16克。两端各一杠，中间双杠，单杠4线环珠，拐弯抹角。

（二）双杠十二眼老天珠展示

图ZMTZ12-2：这颗十二眼老天珠，呈棕褐色，纹线清晰泛蓝，窄留头。长7.9公分，直径1.6公分，重36.44克。两端各双杠，中间双杠，拐弯直角。双杠6线环珠，眼被3条曲线隔离，曲线两拐近似直角。

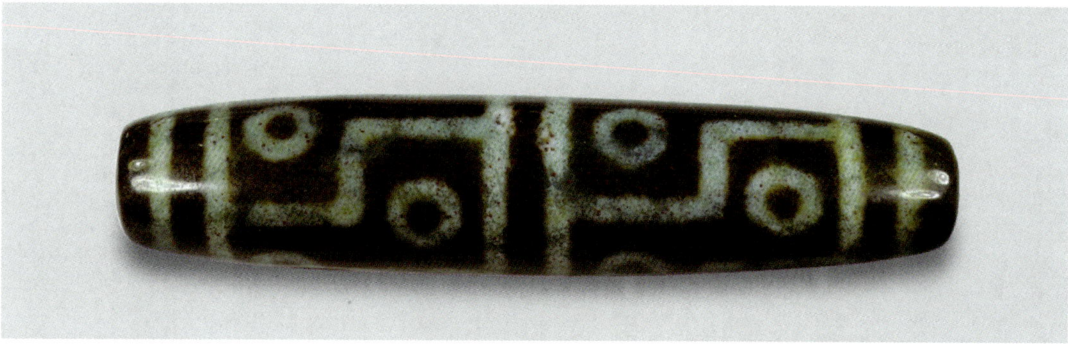

沁色欣赏

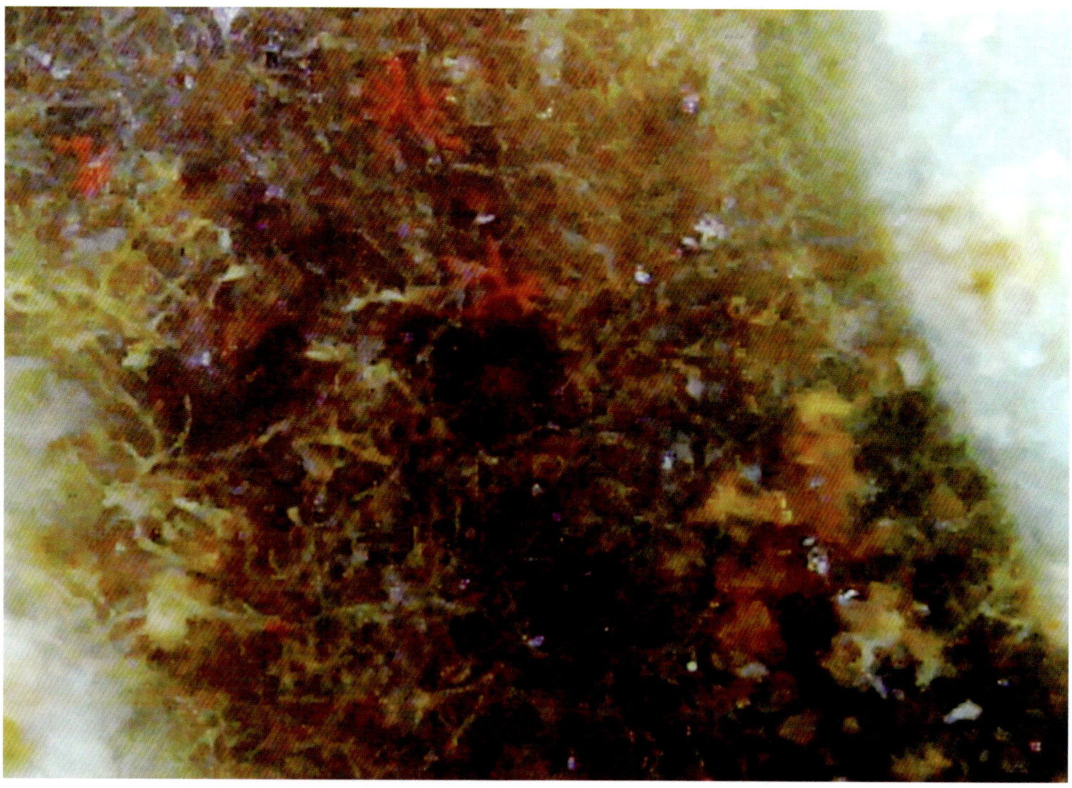

第十三节　十三眼天珠

一、数字“13”象征意义

因为佛教传入中国宗派为十三宗，所以“十三”在佛教中被认为是一个吉祥的数字 ，塔也是十三层，代表功德圆满。

二、十三眼天珠简介

十三眼天珠：是福报天珠。以大威德本尊的加持之力，显现十三尊的功德，具有成办一切事业的能量，获得世间福报。

十三眼天珠有五眼加八眼，六眼加七眼等多种天珠功能的组合。五方佛加持，八吉祥的象征，适用于任何开创、拓展事业或修持法门者佩戴，也可以借此珠的能量达成心中期待的愿望。可使佩戴者身心宁静，百事不惧，达到修行最高境界。适于生肖属兔、龙、蛇的人。

三、十三眼天珠品类欣赏

（一）单杠十三眼老天珠展示

图ZMTZ13-1：此珠棕褐色，纹线清晰，包浆油润，小留头。长5.1公分，直径14公分，重18.22克。单杠两线环珠。图腾是一面六眼，一面七眼，圆弧兜揽。

（二）双杠十三眼至尊老天珠展示

图ZMTZ13-2：此珠棕褐色，纹线泛蓝绿，包浆深邃，宽留头。长7.8公分，直径1.5公分，重31.51克。双杠4线环珠，是六眼＋七眼的组合。七眼这面的中间是一个佛眼。是传世之宝珠。

（三）三杠十三眼至尊老天珠展示

图ZMTZ13-3：此珠特征棕褐色，纹线清晰，包浆古沉，窄留头，三杠6线环珠，图腾罕见，一面是五眼，中间一眼是眼中眼，另一面是八眼，共计十三眼。是活佛的传世之宝珠。

第十四节　十四眼天珠

一、数字“14”象征意义

命数字“十四”，是在基督教兼犹太教以及伊斯兰教中运用广泛，是一些显着时间段所需要的天数，特别是指接受神的考验并作好精神上的准备，包括净化灵魂、忏悔、虔心的等待和斋戒。

命理学认为数字“14”是忍得若难，必有后福，是成是败，惟靠坚毅的象征。

14代表一切顺利、吉利、是一生一世在一起的意思。

二、十四眼天珠简介

十四眼天珠：是福慧天珠。具有勾招财富和智慧能量的磁场，通过十四道金刚明咒启动磁场后，得作明佛母加持，可以发挥不可思议的怀柔效应，获得众人恭敬爱戴，是顶心煞和岁破、月破等命煞的克星，最利补充先天财气和智慧缺陷者的命气与元真。

十四眼天珠双吉到位，得吉星高照，增长智慧，事业步步高升，健康长寿。适于生肖属兔、龙、蛇的人佩戴。

三、十四眼天珠品类欣赏

（一）单杠十四眼天珠展示

图ZMTZ14-1：此珠呈黑色，包浆油润古沉，纹线清晰泛绿。重16.55克，长5.3公分,直径1.3公分。大小属中型，宽留头。十四眼老天珠的图形排列是内十眼，外四眼。纵向看，又分两面各是七眼。

（二）双杠十四眼天珠展示

图ZMTZ14-2：此珠呈棕黑色，包浆古沉，纹线清晰。重32.38克,长8.1公分,直径1.4公分。宽留头。双杠4线环珠。

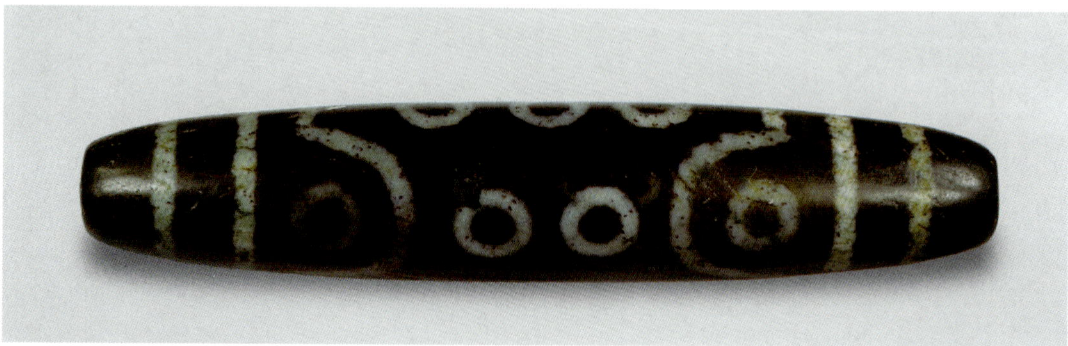

第十五节　十五眼天珠

一、数字“15”象征意义

数理数字15为吉，谦恭做事，外得人和，一门兴隆，福寿共照，福寿圆满之象。

二、十五眼天珠简介

十五眼天珠：是镇宅天珠。能获诸佛菩萨护法加持护佑，成就一切事业。具有金刚盔甲的能量，可以起到护身镇宅的作用，能凝固供养者的命气和元真不至散失。是天生体质虚弱，财富莫名耗损者的贴身宝珠，可以汇聚天体能量灌注体内，启动本有磁场，旺起财权运势。

十五眼天珠，含义是七珍八宝受众神加持，保驾护航，成就一切所愿，获得美满人生。有七眼和八眼组合的能量。成就一切事业。宜于生肖属鸡、狗、猪的人佩戴。

三、十五眼天珠品类欣赏

（一）单杠十五眼天珠展示

图 ZMTZ15-1: 此珠棕褐色，是热液成矿材质，珠体圆硕，纹线清晰泛绿，包浆深邃，两端手工打口，中留头。长 8 公分，直径 2.3 公分，重 64.72 克。又经高僧盘磨传世宝珠。实属罕见难寻的镇宅之宝珠。

（二）双杠十五眼老天珠展示

图ZMTZ15-2：此珠呈棕黑色，纹线清晰，包浆古沉，中留头。长6.7公分，直径1.3公分，重23.33克。图腾中间一面是四眼，一面五眼，半圆弧形兜揽，圆弧外两端各三眼，共十五眼，双杠4线环珠。是热液成矿材质，是传世宝珠。

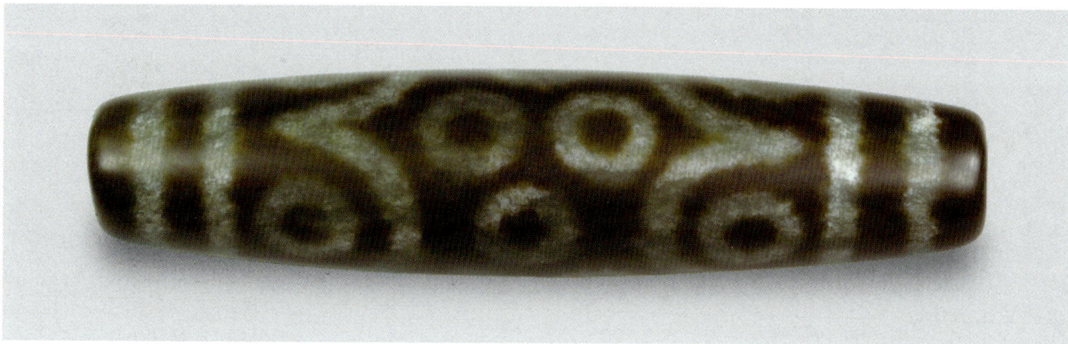

图ZMTZ15-3：此珠呈棕褐色，珠体圆硕，纹线清晰泛蓝，包浆深邃，两端手工打口，中留头。图腾一面是横排四眼，中间一眼，一面分两个五眼，半圆弧形兜揽，共十五眼，双杠4线环珠。是热液成矿材质，又经高僧盘磨，实属罕见难寻传世宝珠。

第十六节　十六眼天珠

一、数字“16”象征意义

数理数字16为吉，能获众望，成就大业，名利双收，盟主四方。概述兴家得助的贵数，富贵发达的好预兆。

古代定秤，以天上的星星为准。北斗七星，南斗六星，福禄寿三星，总共十六星。所以，古一斤为十六两，半斤既是八两。

二、十六眼天珠简介

十六眼天珠：是顺德天珠。有十眼加六眼的能量，十全十美加六六大顺。又有两倍八眼的能量，得八佛双倍加持，集大乘功德，心想事成、大智增长、建立基业、家门繁荣、福禄寿俱全。宜于生肖属鼠、牛、虎的人佩戴。

三、十六眼天珠品类欣赏

（一）单杠十六眼老天珠展示

图ZMTZ16-1：此珠呈棕黑色，纹线清晰，包浆古沉，单杠5线环珠，窄留头。长8.2公分，直径1.5公分，重33.42克。图腾是中间一线隔开，内外各四眼曲线隔离，两端四眼2线隔开，图腾实属罕见的宝珠。

（二）双杠十六眼老天珠展示

图ZMTZ16-2：十六眼老天珠，呈棕褐色，纹线清晰，包浆古沉，双杠4线环珠，中间十二眼，分成4行，两行四眼、两行两眼平顶弯线兜揽，两端各两眼，2线隔开，窄留头。图腾实属罕见的宝珠。

（图ZMTZ16-1）珠体内部欣赏

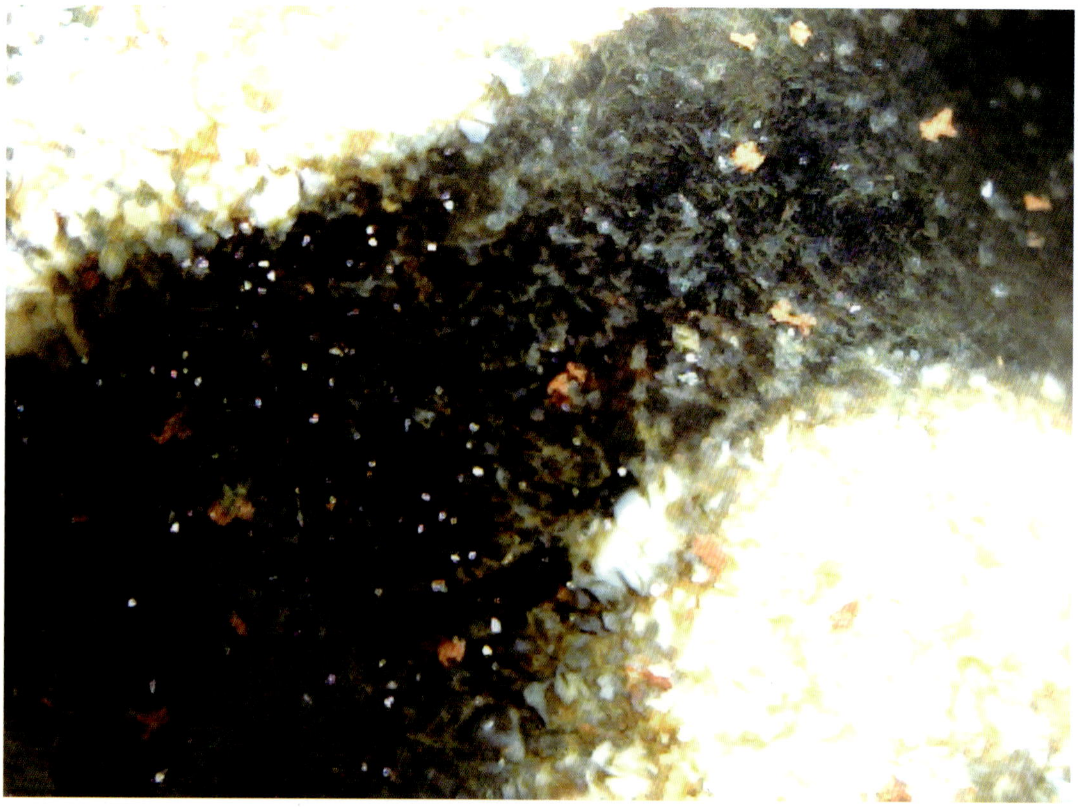

第十七节　十七眼天珠

一、数字“17”象征意义

数字“17”，俗语7上8下，“17”谐音为“要起”。

二、十七眼天珠简介

十七眼天珠：是福寿天珠。人世间的福报达到顶点，福寿无头的意思。有八佛加持，集九乘功德，长长久久，平息八面的伤害，心相事成，大智增长。宜于生肖属鼠、牛、虎的人佩戴。

三、十七眼天珠品类欣赏

（一）单杠十七眼老天珠展示

图ZMTZ17-1：此珠呈棕黑色，纹线清晰，珠体有开窗，包浆古沉，窄留头。长8公分，直径1.5公分，重35.26克。单杠4线环珠。此珠图腾是中间分3组，每组各三眼，拐弯抹角隔离（与九眼相同），两端四眼由两线断开。是罕见难寻的奇珠。

红花修补石纹线欣赏

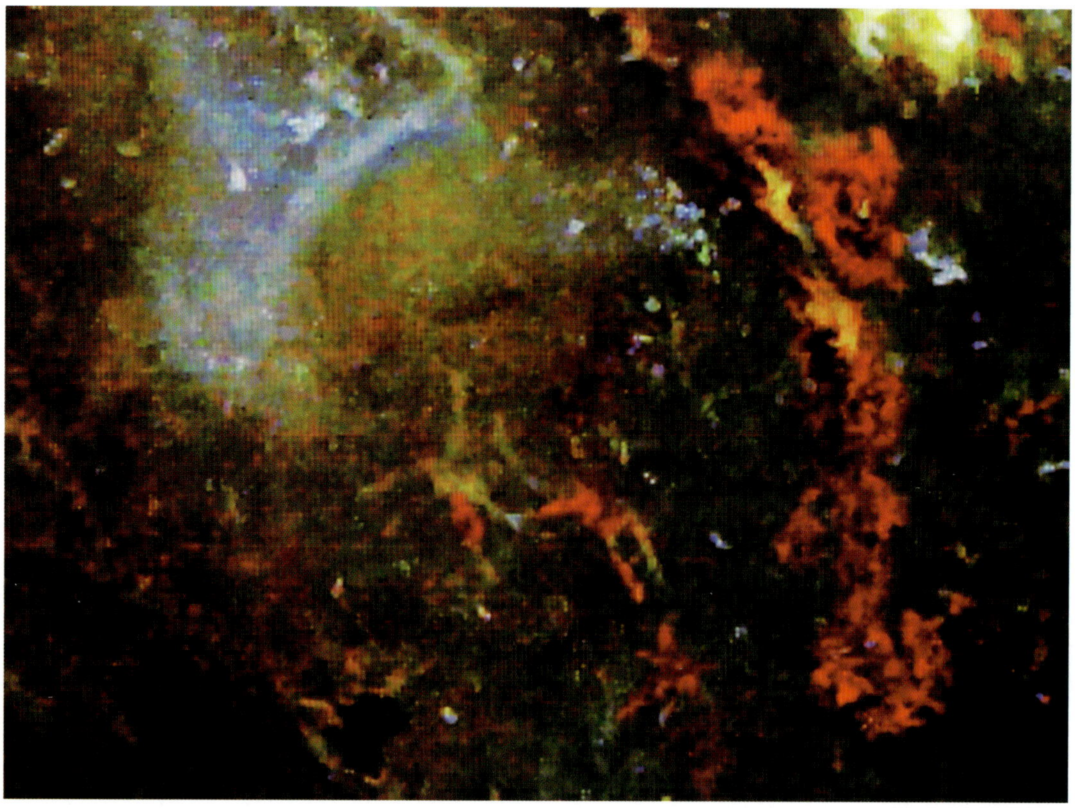

第十八节　十八眼天珠

一、数字“18”象征意义

数字“18”是中国最牛的数字：佛教最牛的十八罗汉，少林寺最牛的是十八铜人，最牛的武功是降龙十八掌，最凄惨的审判是下十八层地狱，最威武的就义要喊：十八年后，又是一条好汉。

二、十八眼天珠简介

十八眼天珠：是圆满天珠。有十眼加八眼的能量，有三倍六眼的能量组合，其中十则象征着十全十美人生，能消除孽障，福慧圆满，名声响亮。而八则象征着八大菩萨的加持。

十八眼天珠人人都喜欢佩戴。宜于生肖属鸡、狗、猪的人佩戴。

三、十八眼天珠品类欣赏

（一）单杠十八眼老天珠展示

图ZMTZ18-1：此珠棕褐色，纹线清晰，包浆古沉，窄留头，单杠两线环珠。长5.8公分，直径1.3公分，重19.15克。图腾是四眼呈一线排列，由平顶伞形遮盖，连续三眼则托着外眼，圆形兜揽。九眼一面共两面。十八眼天珠造形奇特，两端各有两眼守护，而每眼都是镶入半圆弧形兜揽。图腾是内眼十四眼，两端各有两眼顶杠，共十八眼。

（二）双杠十八眼至尊老天珠展示

图ZMTZ18-2：此珠呈棕褐色，纹路清晰，中留头。珠长7.3公分，直径1.4公分，重30.06克。双杠4线环珠。

（图ZMTZ18-2）珠体内部欣赏

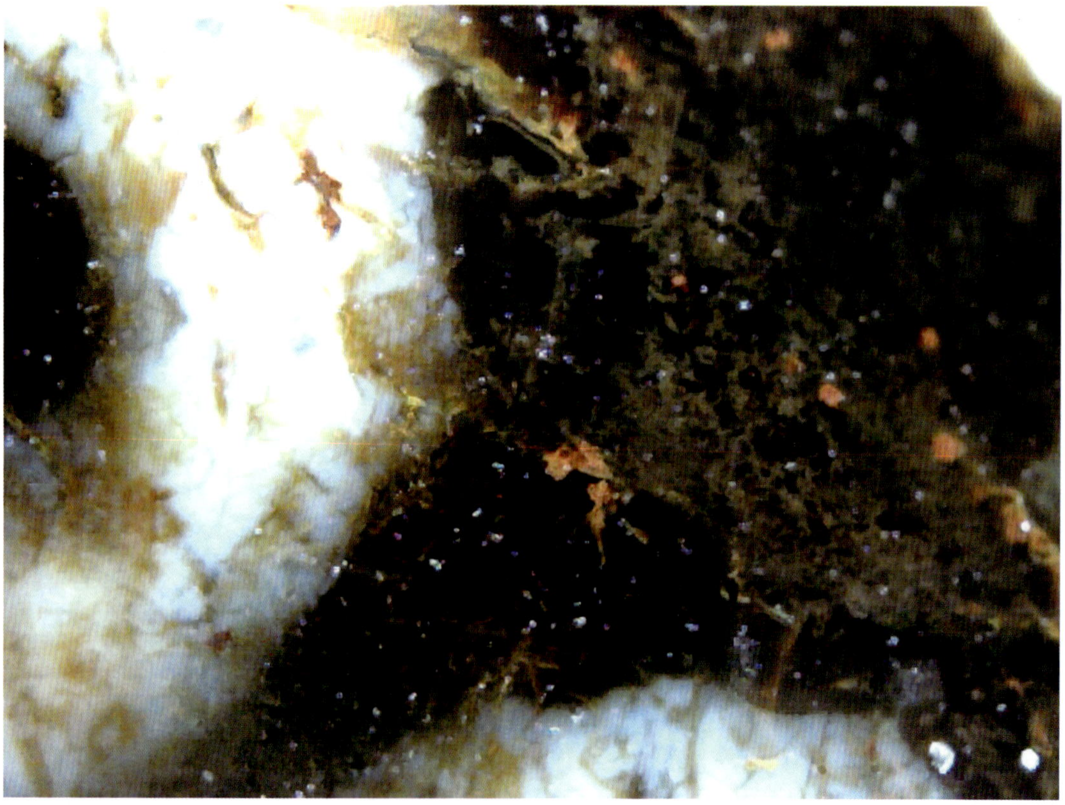

第十九节　十九眼天珠

一、数字“19”的象征意义

数字“19”是幸运数字的守护星，象征知识、活力和幸运，也代表值得受人尊敬和回报。

二、十九眼天珠简介

十九眼天珠：是慈爱天珠。有十眼加九眼以及多种能量组合，集九乘功德，十全十美，慈悲增长，大智增长，声名显赫，利益极大。宜生肖属兔、龙、蛇的人佩戴。

三、十九眼天珠品类欣赏

（一）单杠十九眼至尊老天珠展示

图ZMTZ19-1：此珠呈棕褐色，是热液成矿材质，珠体有开窗，包浆古沉，窄留头。单杠4线环珠。珠长7.7公分，直径1.5公分，重32.40克。图腾是两端各四眼顶杠，中间一面是五眼，五眼的中间是一佛眼，另一面是六眼，由单线弧线隔离断开。适合所有人佩戴。

惰性红花沁欣赏

第二十节　二十眼天珠

一、二十眼天珠简介

二十眼天珠：是修练天珠。具有两倍十眼以及多种功能组合。有富贵发达的好预兆。是勇往直前、万事如意、心想事成、能获众望、成就大业、名利双收的修炼之珠。

二、二十眼天珠品类欣赏

（一）单杠二十眼至尊老天珠展示

图ZMTZ20-1：此珠呈棕褐色，是热液成矿材质，纹线泛蓝，包浆古沉，窄留头。单杠两线环珠。长6公分，直径1.3公分，重21.07克。图腾是两端各八眼，中间四眼，圆形兜揽。共二十眼。是传世宝珠。

图ZMTZ20-2：此珠图腾另类，纹线清晰，珠重25.40克，长7.9公分，直径1.3公分，双杠4线环绕，图腾是中间十二眼，两端各有四眼两线隔离，共计二十眼。手工打孔，窄留头。是一颗罕见难寻的宝珠。

（二）双杠二十眼老天珠展示

图ZMTZ20-3：此珠质地坚硬，是热液成矿材质，纹线清晰，珠重31.43克，长8.1公分，直径1.5公分，双杠6线环绕，图腾奇特是中间分4个三眼，两端各有四眼两线隔离，共计二十眼。两端平口，窄留头。是一颗罕见难得的供珠。

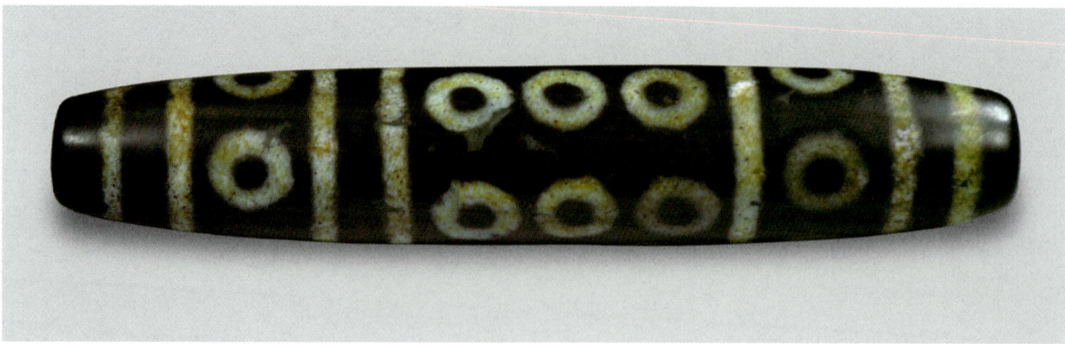

第二十一节　二十一眼天珠

一、数字“21”的象征意义

圣经中说人死后会比死前轻21克，那就是灵魂的重量。有人借用21谐音，说与心爱的人，代表“爱你”的意思。取圣经中的意思则是，“我对你的爱净重21克”就可以理解为我是用整个灵魂去爱你，这种解释，虽然没有科学道理，但对于“21”这个数字来说，也是美誉。

二、二十一眼天珠简介

二十一眼天珠：是如意天珠。为佛门殊胜至宝，可使法力增加、聚吉纳财、健康长寿、万事如意、心想事成，长期供奉可以定性去障，外魔不侵，入金刚乘境界。得金刚界诸天护法加持护佑。达到人神合一的最高境界。宜于生肖属鼠、龙、蛇的人佩戴。

三、二十一眼天珠品类欣赏

（一）双杠二十一眼老天珠展示

图ZMTZ21-1：此珠呈棕褐色，质地坚硬，是热液成矿材质，纹线清晰，包浆古沉，宽留头。珠长7.8公分，直径1.4公分，重30.64克。图腾是两端各三眼，共六眼顶杠，内则呈8＋7排列。双杠4线环珠。布局大方得体。实属天珠中极品。

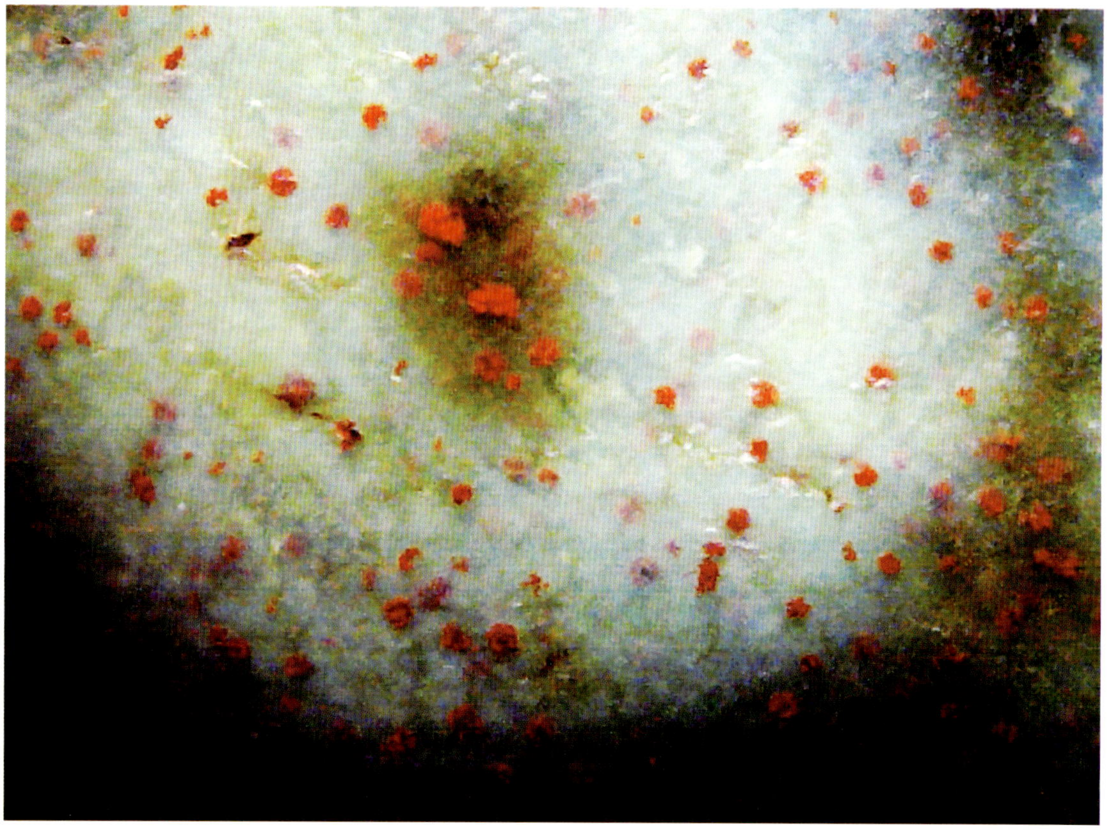

云状水银沁欣赏

第二十二节　二十二眼天珠

一、数字“22”象征的意义

在爱情用语中则将“22”视为爱的意思。
塔罗牌的主垛牌数为22。
神奇的希伯来语言只有22个字母。

二、二十二眼天珠简介

二十二眼天珠：是护佑天珠。得金刚界诸天护法加持护佑，外魔不侵，象征吉祥圆满、万事如意、聚吉纳财、健康长寿。

三、二十二眼天珠品类欣赏

（一）单杠二十二眼老天珠展示

此珠图示分左右两侧，正反两面，两侧中间各一眼，共两眼，两面每一面各六眼，共十二眼，两端各四眼，共八眼，共计二十二眼。单扛4线环珠，造型奇特，罕见难寻。

（二）三杠二十二眼老天珠展示

图ZMTZ22-2：此珠是人为朱砂沁的天珠。呈棕褐色，纹线部分脱落，中留头。珠长8.3公分，直径1.3公分，重36.74克。图形简洁，三杠6线环珠。四眼一排，一面两排，两面相对，两则三眼一排两面相对。一共二十二眼。

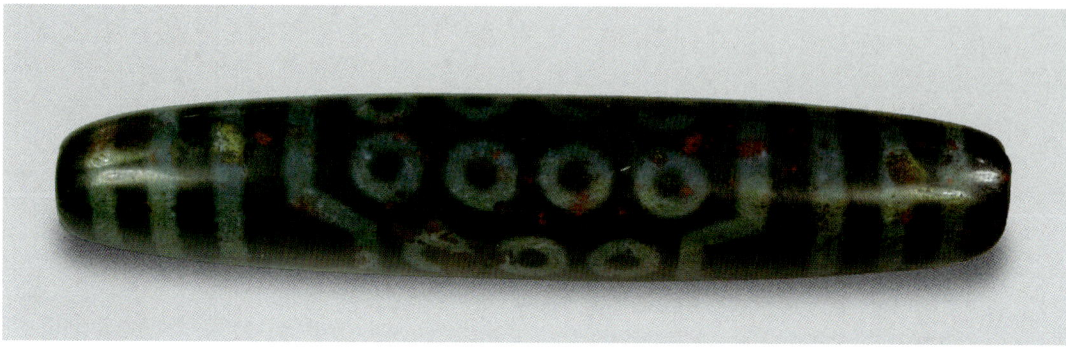

珠体内的红花再多也都属惰性

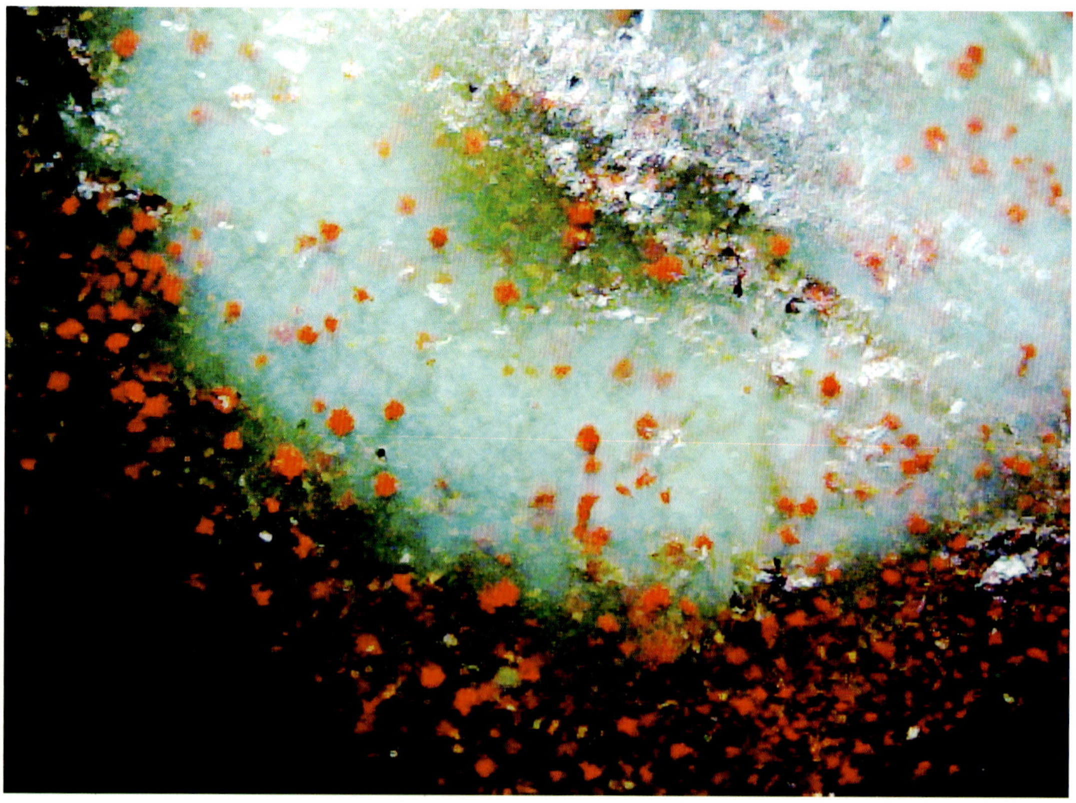

第二十三节　二十三眼天珠

一、数字“23”的意义

在人体中，23也很多地方存在，比如：人类的染色体共46条，23条来自父亲，23条来自母亲； 人类的血液完成身体一周的循环需要23秒等等。这些巧合预示着什么，包含着什么秘密。引起中西方国家的注意。

“23”代表“接二连三”：〔一个接着一个，接连不断（绵绵不断），即代表“永恒”〕。意同“牵五挂四”：也是接连不断的意思，即“牵挂”，也即“思念”。

二、二十三眼天珠简介

二十三眼天珠：是聚吉天珠。象征一切圆满，增长福报及财富。佩戴二十三天珠能免除一切灾厄、煞气和晦气。使功德大增、旭日东升、名显四方、人生得意、十全十美、聚吉纳财、健康长寿、事业成功。使自己与环境磁场完美统一。

三、二十三眼天珠品类欣赏

（一）单杠二十三眼老天珠展示

图 ZMTZ23-1：此珠呈棕黑色，纹线清晰泛橘红色，包浆古沉，珠体分六行，五行三眼，一行两眼，由两线隔离，两端各有三眼圆弧兜揽，单杠 4 线环珠，是一颗罕见难得的宝珠。

图ZMTZ23-2：此珠呈棕褐色，包浆古沉，纹线清晰泛橘红色，窄留头。图腾奇特，三面六眼，一面五眼，共计二十三眼，单杠2线环珠，是一颗罕见难得的宝珠。

（二）双杠二十三眼老天珠展示

图 ZMTZ23-3：此珠呈棕褐色，纹线清晰透绿，包浆油润，宽留头。珠长 8.2 公分，直径 1.5 公分，重 32.26 克。图腾是中间三眼，单线隔开，两端各十眼，由双线隔离，双杠 6 线环珠。

第二十四节　二十四眼天珠

一、数字“24”的意义

数字“24”代表24节气，一天24小时等等。花语24朵玫瑰花代表思念。

二、二十四眼天珠简介

二十四眼天珠：是完美天珠。可使佩戴者有意想不到功效。调和五行、健康长寿、人生得意、十全十美、聚吉纳财、坚定意志、事业成功。是适合所有人佩戴的宝珠。

三、二十四眼天珠品类欣赏

（一）单杠二十四眼老天珠展示

图 ZMTZ24-1：此珠呈棕褐色，纹线清晰泛蓝，包浆深邃，窄留头。珠长 8.2 公分，直径 1.4 公分，重 32.47 克。图腾是分三部分，中间六眼，单线隔离，两端各 3 组三眼，圆弧兜揽，共二十四眼，单线隔离。单杠 4 线环珠。

图ZMTZ24-2：此珠呈棕褐色，珠体有开窗，包浆古沉，窄留头。两端口有磨痕，珠长7.4公分，直径1.5公分，重30.05克。图腾是分一行六眼，一行四眼，两端各有两眼，单线平顶圆弧兜揽，共计二十四，单杠两线环珠。是罕见难寻的善珠。

沁色欣赏

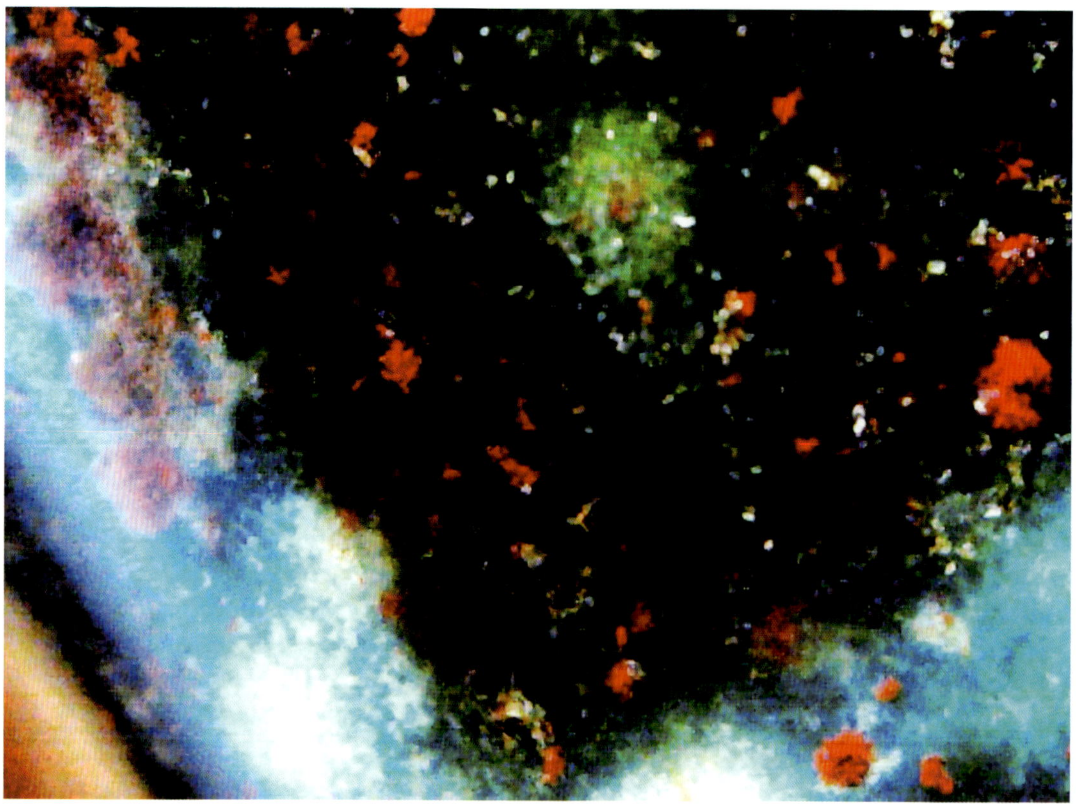

第二十五节　二十五眼天珠

一、数字“25”的意义

中国自古以来就把整个世界分为金、木、水、火、土五行之说。可见5代表了整个世界，五堪称完美。追求5的人堪称追求完美。

二十五朵玫瑰花代表：（祝你幸福！）

二、二十五眼天珠简介

二十五天珠；是亨通天珠。具有五倍五眼天珠能量外，还具有十二眼与十三眼天珠、两倍十眼加五眼以及多种的特殊功能。得五种财神护佑家业、功德利益、路路亨通、无往不利、圆满吉祥、得财添寿。并象征光明顺利与圆满。

三、二十五眼天珠品类欣赏

（一）双杠二十五眼老天珠展示

图ZMTZ25-1：珠体和纹线透绿，包浆深邃，宽留头。珠长7.5公分，直径1.4公分，重28.18克。图腾是中间五眼，单线隔离，两端各十眼单线隔离。

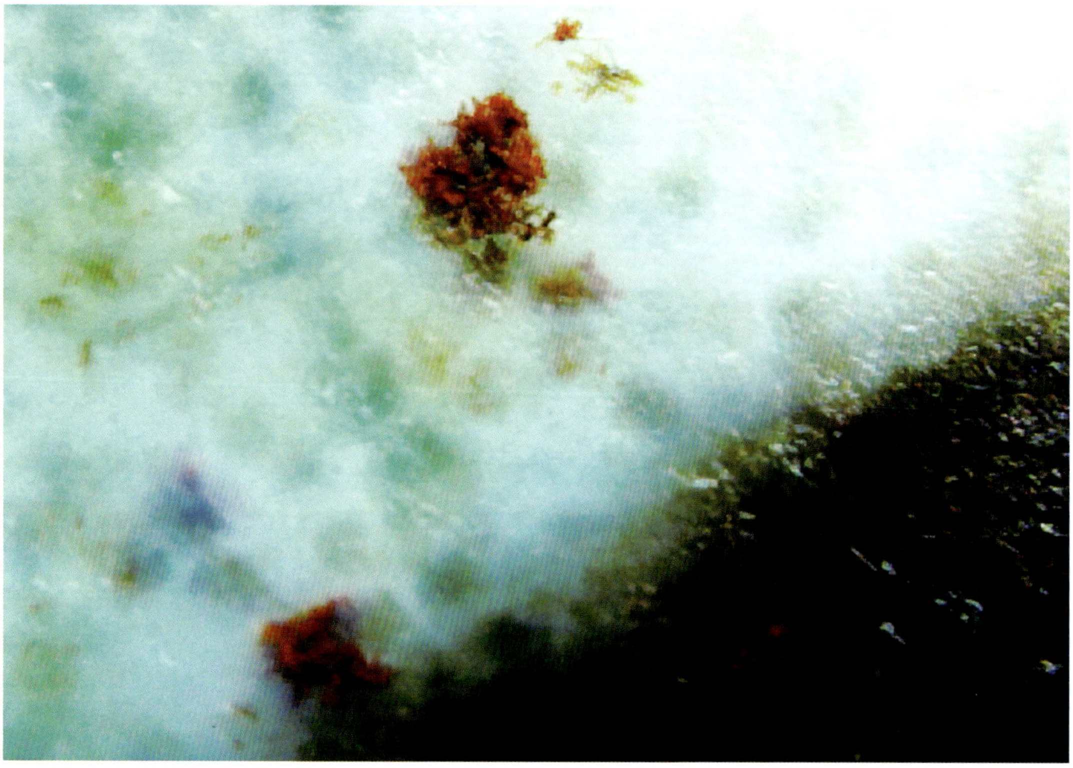

这朵大舍利红花是由四朵红花沁组成，蕴藏着巨大能量。

珠体黑色中的红花依然鲜艳，共生矿水晶点褶褶生辉。

第二十六节　二十六眼天珠

一、数字“26”的意义

数字“26”是13的重生，因为一个13的谐音是“一生”。

二、二十六眼天珠简介

二十六眼天珠：是旺业天珠。具备有多种天珠组合的功能。能消除事业及家庭中的一切不利因素。趋吉避凶、息灾增益、佩戴后财势运程大旺，家庭美满、事事如意、 财源广进。是人人想求的宝珠。

三、二十六眼天珠品类欣赏

（一）单杠二十六眼老天珠展示

图ZMTZ-26-1：此珠呈棕褐色，包浆古沉，珠体开窗，齐留头。珠长8.2公分，直径1.6公分，重37.18克。图腾是分三部分，中间四眼，圆弧隔离，两边各八眼，两端各三眼，单线隔离。两端口有磨痕，是颗罕见难寻善珠。

（二）三杠二十六眼老天珠展示

图ZMTZ26-2：此珠珠体浮上的朱砂沁属于无意人为，窄留头。珠长8.1公分，直径1.5公分，重19.99克。图腾是分三部分，中间六眼，由单线隔开，两边各八眼，半圆弧形兜揽，两端各两眼。都由线隔开。三杠8线环珠。

珠体沁色欣赏

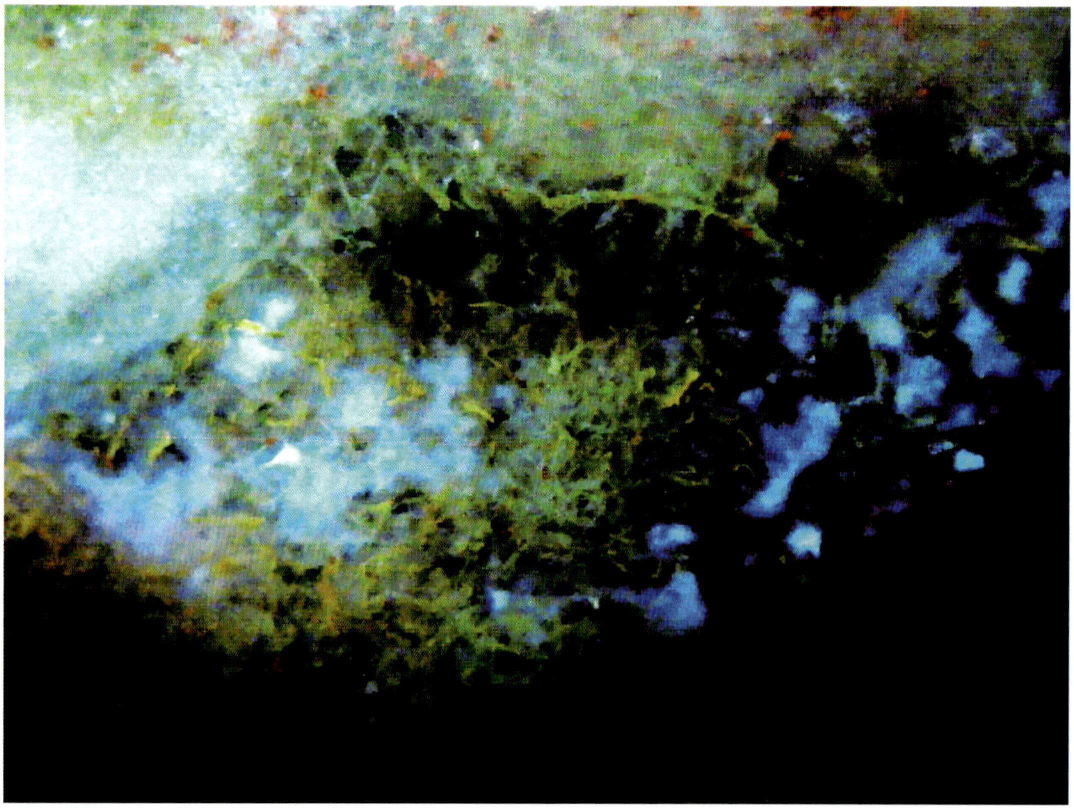

第二十七节　二十七眼天珠

一、数字“27”的意义

数字“27”中“2”谐音“爱”，“7”谐音“妻”，连起来就是“爱妻”。

二、二十七眼天珠简介

二十七眼天珠：是权势天珠。具有三倍九眼与多种天珠的能量组合。可使事业与家庭达到令人羡慕的成果。能免除一切灾厄，煞气和晦气。

据传古格王和拉达王曾佩戴二十七眼天珠。此珠有上下两部天地图案和左右两边天地图案等多种形式,功效各异。

三、二十七眼天珠品类欣赏

（一）双杠二十七眼老天珠展示

图ZMTZ27-1：此珠呈棕褐色，纹线清晰泛绿，线条粗细匀称，包浆油润深邃，窄留头。珠长8.1公分，直径1.6公分，重35.37克。双杠4线环珠，布局大方得体。图腾是分内外两组，内有二十一眼外有六眼顶杠。连续排列的四眼尖顶伞形护佑。是大成就者传世之宝珠。

二十七眼天珠被视为天珠中的上上品。传说古格王和拉达王曾佩戴过二十七眼天珠。下面的天珠内部图是从一尊铜佛像中被发现的，没有古沉油润的包浆，没有被人盘摩，却从珠体内部生长出让人愉悦的景观。

天珠没有3000年盘存的历史，是不会生出这样大舍利红花，这颗舍利红花天珠功德圆满，能量俱足。

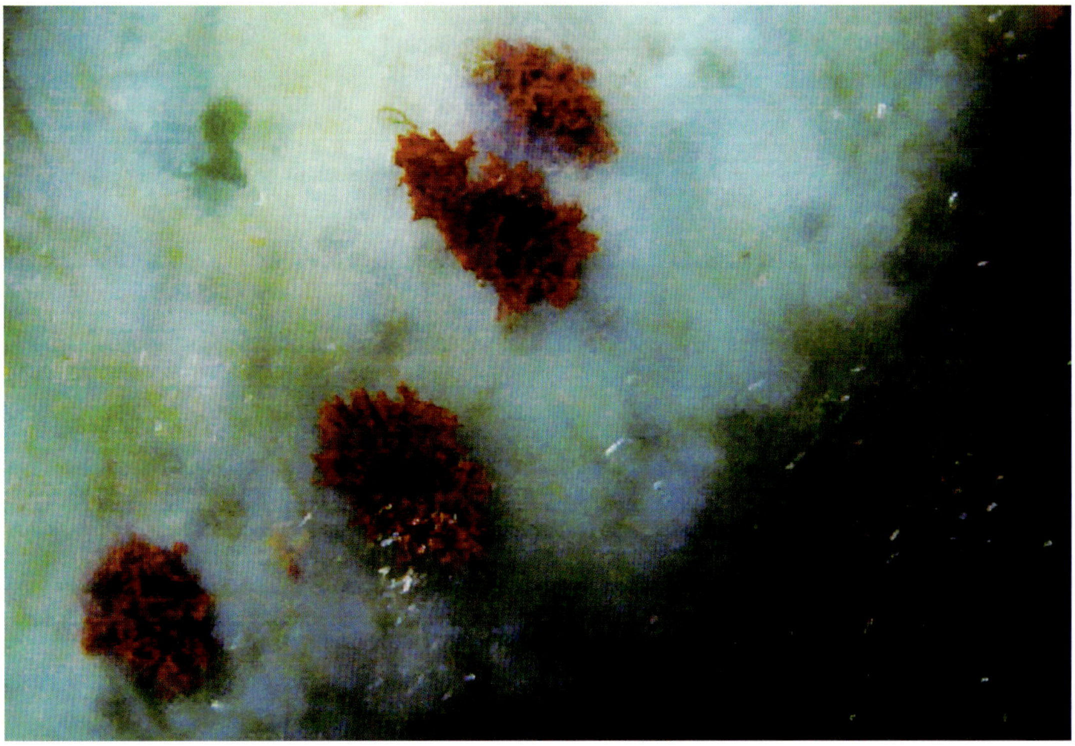

珠有五色沁价值超万金

第二十八节　二十八眼天珠

一、数字 28 的的意义

一个正常人有28颗牙齿（不计算智慧齿在内）。
平年的2月为28天。
中医有二十八种脉象。

二、二十八眼天珠简介

二十八眼天珠：是化险天珠。是集四倍于七眼以及多种天珠的功效组合。具有强大破恶运及抵抗各种煞气相克的功能，是转变事业运程的如意宝珠，能快速度扭转乾坤，以神奇的能量化险为夷。

三、二十八眼天珠品类欣赏

（一）单杠二十八眼老天珠展示

图ZMTZ28-1：此珠外部属无意人为朱砂沁，窄留头。珠长8.1公分，直径1.5公分，重31.57克。单杠4线环珠，图腾是中间部分，是由两排四眼组成的八眼，前后对映，两排各三眼相隔，计二十二眼。两端各三眼，单杠隔离，共二十八眼。

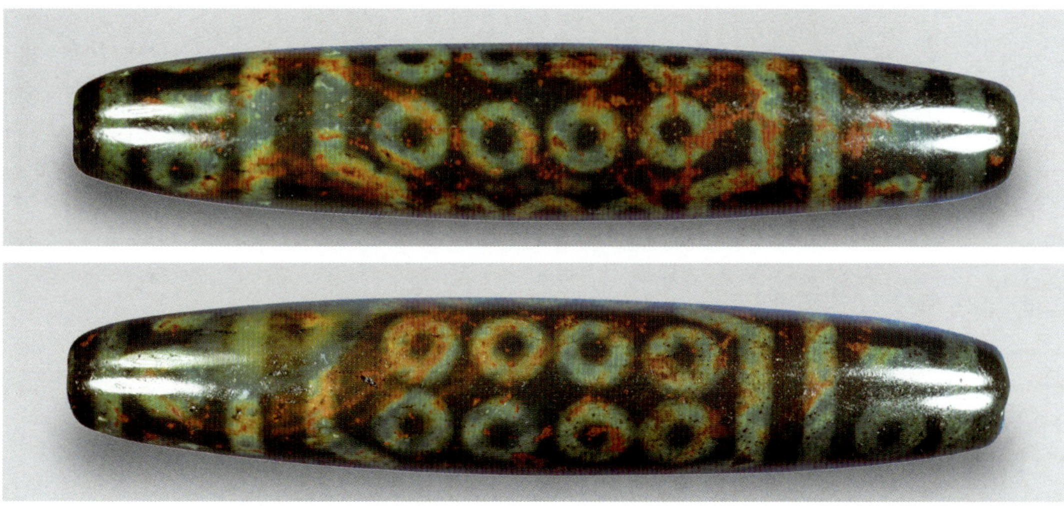

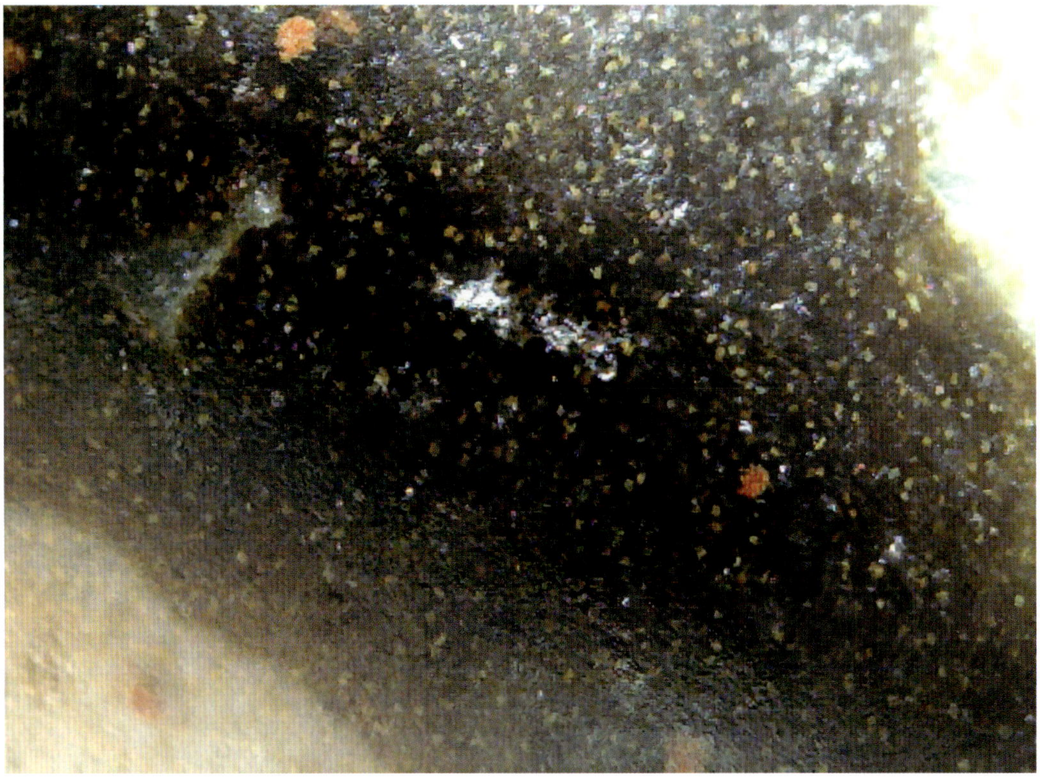

金钉沁欣赏

第二十九节　二十九眼天珠

一、二十九眼天珠简介

二十九眼天珠，是法力天珠。可以解除一切不好磁场侵袭，抵抗各种煞气相克，化解先天五行的所有不利因素。是整个事业运程的如意宝珠。

二、二十九眼天珠品类欣赏

（一）单杠二十九眼老天珠展示

图ZMTZ29-1：此珠特征，珠体和纹线透绿，包浆油润深邃，齐留头。珠长7.1公分，直径1.3公分，重24.28克。单杠4线环珠。图腾是分三部分，中间三眼，左右各十眼，两端各三眼，半圆弧形兜揽。

从这颗二十九眼天珠内部图看出，此珠早期曾被土蚀，面世后曾刮取入药，后装藏期间曾受朱砂浸渍。
装藏距今不足千年，土埋有五百年左右。
此珠曾被朱砂浸盖，开窗处蓝中射绿

水沁、水银沁、朱砂堆、黄鬃绺交织一起

几朵淡褐色花争奇斗艳

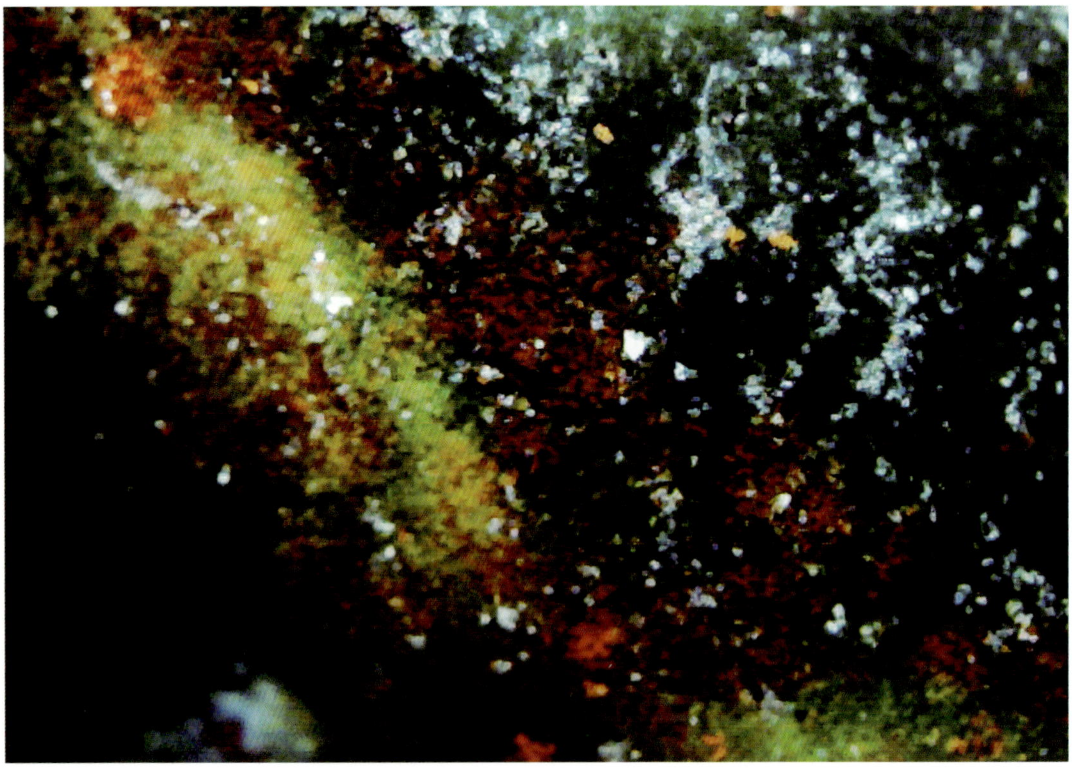

第三十节　三十眼天珠

一、三十眼天珠简介

三十眼天珠：是五福天珠。具有六倍五眼以及多种天珠的功能组合。令得五佛灌顶、五福临门、五子登科、五路财神齐聚、路路亨通、无往不利、圆满吉祥、喜乐无穷之意。

二、三十眼天珠品类欣赏

（一）双杠三十眼老天珠展示

图ZMTZ30-1：此珠特征，珠体和纹线透绿，包浆沉静深厚，宽留头。工艺精巧，线条粗细匀称。珠长8.3公分，直径1.3公分，重31.67克。图腾是分三部分，各是五眼一环，两环一组，单线隔离，共三十眼。双杠6线环珠。

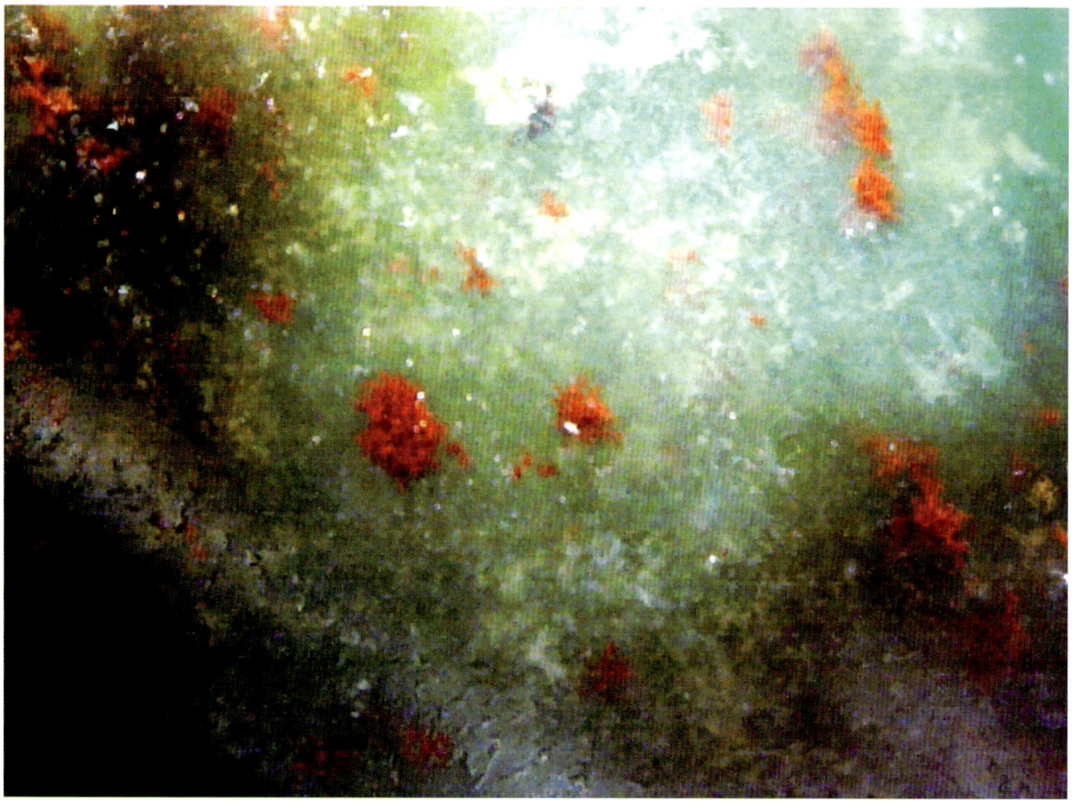

沁色欣赏

第三十一节　三十一眼天珠

一、三十一眼天珠简介

三十一眼天珠：是吉星天珠。同时具有三倍七眼天珠及二倍五眼天珠的功能组合。

具有吉祥圆满的圣物加持力，得福禄寿、吉星拱照、障碍平息、财富不断，并能祛除三障又能获得极大利益。即使一般人佩戴也可以获得大智慧，极快的增进财气、福气和官运，是一颗圆满健康与财富的天珠。是能满足供养者任何愿望的如意宝珠。

二、三十一眼天珠品类欣赏

（一）单杠三十一眼天珠展示

图ZMTZ31-1：此珠特征，宽留头。珠长8.2公分，直径1.5公分，重34.65克。图腾是分三部分，正中七眼环绕，单线隔离，左右各是九眼，圆弧线兜揽，两端各三眼顶杠，共三十一眼。单杠4线环珠。

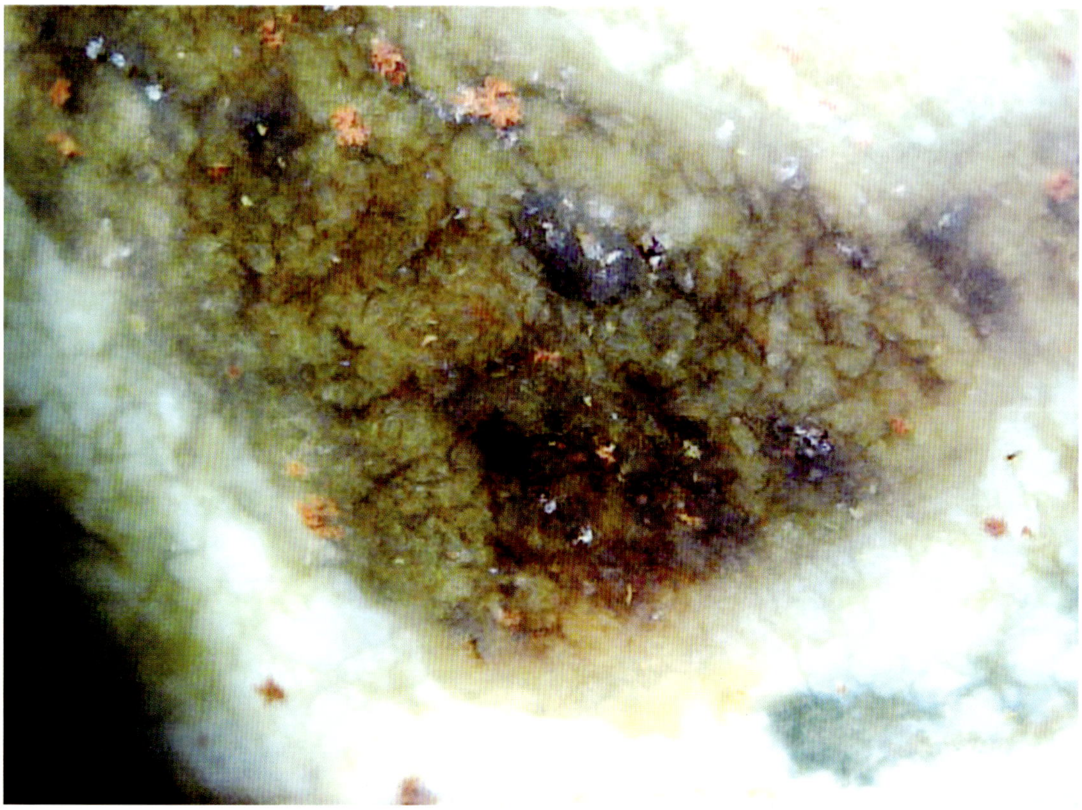

牛毛纹沁欣赏

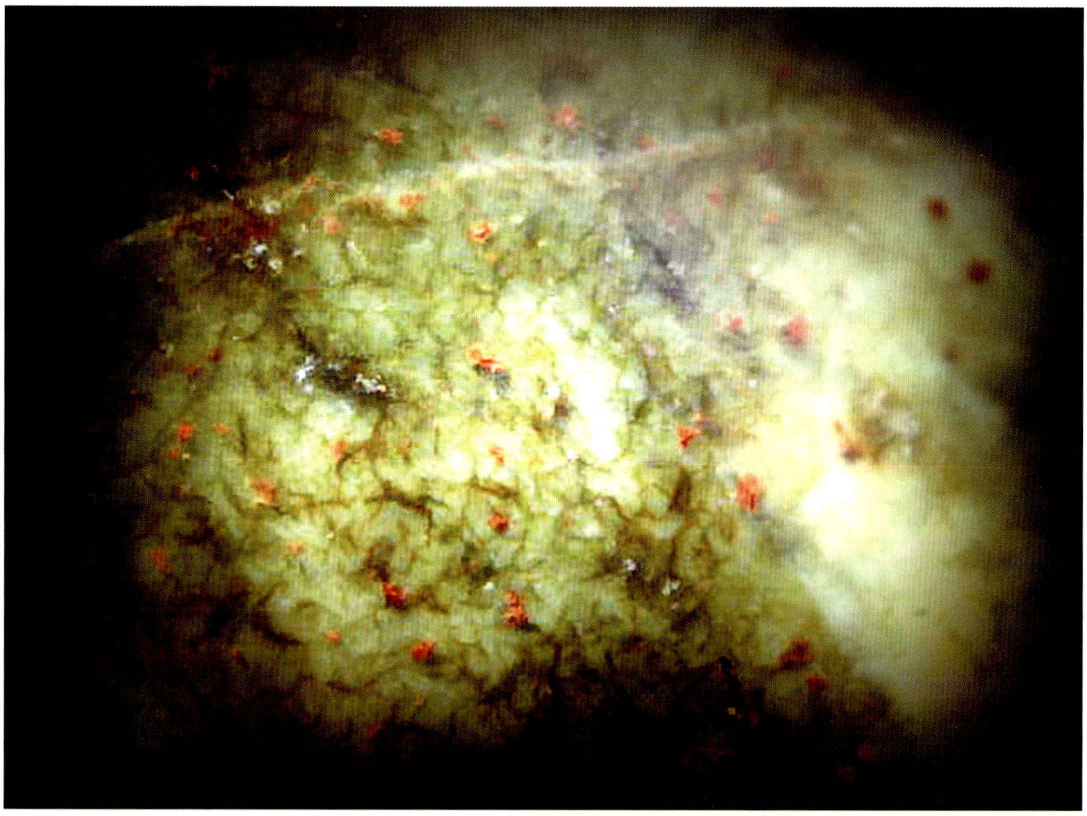

第三十二节　三十二眼天

一、三十二眼天珠简介

三十二眼天珠：是福德天珠。有四倍八眼天珠的能量组合。同时又有多种天珠的能量组合。佩戴可使家门隆星、身心宁静、子孙旺发、得意外之福德、可健康长寿。

二、三十二眼天珠品类欣赏

（一）双杠三十二眼老天珠展示：

图ZMTZ32-1：此珠特征，中间内分两面各11眼，平顶拱形套锁，外分两边各两眼，两端各3眼顶杠，单杠4线环珠。

图ZMTZ32-2：此珠珠体和纹线透绿，包浆油润古沉，中留头。珠长8公分，直径1.5公分，重32.44克。双杠4线环珠。

惰性红花沁成片欣赏

第三十三节　三十六眼天珠

一、数字“36”的意义

古埃及人的历法是建立在狄根法上，三十六颗明星每隔十天一颗，每一颗明星据说都能影响人的生活，这是古希腊占星术获得发展至关重要的一个概念。

二、三十六眼天珠简介

三十六眼天珠，是镇宅、镇馆宝珠，象征三十六天罡保护，大智增长，无往而不利，事业提升，财帛盈箱。生肖属鼠、牛、虎的人佩戴。

三、三十六眼天珠品类欣赏

（一）三杠三十六眼至尊老天珠展示：

图ZMTZ33-1：此珠超大，长12.5公分，直径2.9公分，重量177.46克，三杠6线环珠，珠体的布局是中间4行四眼排列，每行之间又用4行三眼相隔，圆弧兜揽。两端各四眼是八眼，共计三十六眼。具有4个九眼的能量组合。此珠是十分罕见的镇宅之宝珠。

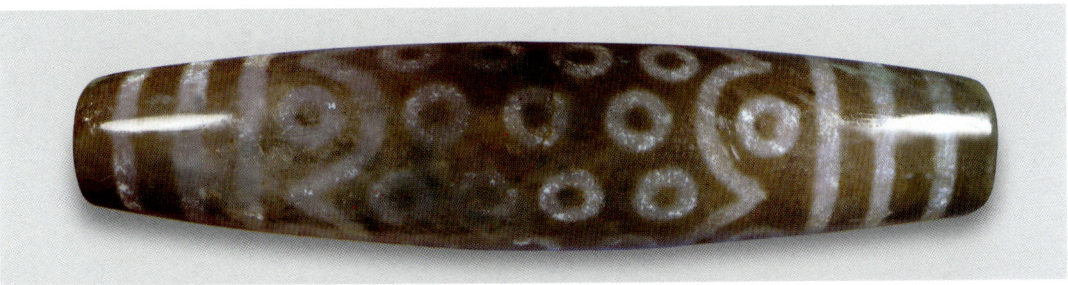

三十六眼内部气印水银沁欣赏

第三十四节　息增怀诛天珠

一、息增怀诛天珠简介

息增怀诛天珠：“增、息、怀、诛”天珠是集合圆“○”形、方“□”形、半月“〗”形及三角“△”图案在一颗天珠上，具有息灾、增益、圆满、降魔四种作用。

息增怀珠大法最大功德利益在于成就“息、增、怀、诛”四大事业。息为圆形，象征息灾、息祸及息业。息法消除业障、病痛、灾难之痛苦。增者为方形，象征增福、增财、增寿。增法增加智慧健康财富运气等。怀者为三角，象征怀仁、怀义、怀爱。怀法属于调服法门。诛者为半月，象征诛凶、诛恶、诛魔。诛法则是诛灭法门。

二、息增怀诛天珠品类欣赏

（一）单杠息增怀诛至尊老天珠展示

图ZMTZ34-1：此珠呈棕褐色，纹线清晰，包浆古沉，窄留头。珠长3.5公分，直径1.2公分，重10.30克。

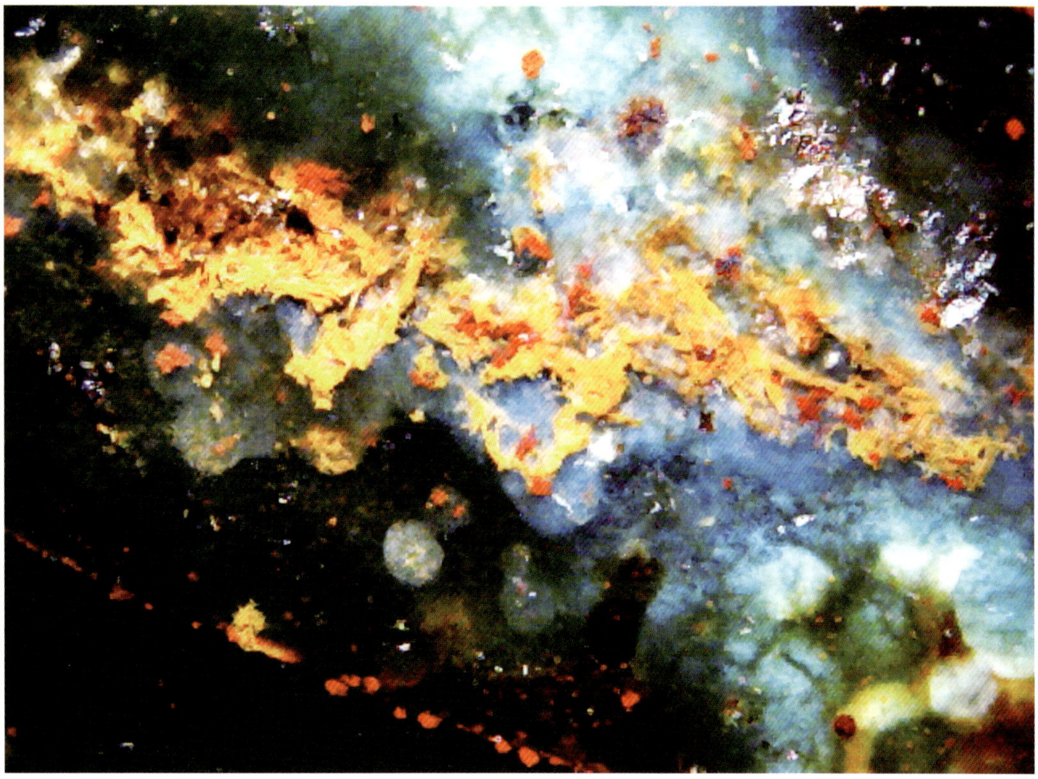

三十六眼内部气泡水银沁欣赏

第三十五节　莲花天珠

一、莲花天珠简介

莲花天珠：象征“纯洁不染”，代表至高无上的尊荣、清新、和平、福慧双全、一切圆满之意。具有吉祥、尊贵、圆满、财富增长的表征。

莲花天珠可以帮助佩戴者从任何意外的不利因素中解脱出来，避免凶星恶曜的伤害，也可化解五行中克制命气的孤煞及风水中的冲煞、夭折煞等刚猛力量。让佩戴者扭转乾坤。净化人心、佛性提升、福泰安康。

二、莲花天珠品类欣赏

（一）三杠莲花老天珠展示

图ZMTZ35-1：此莲花老天珠，莲花并蒂。珠体和纹线透绿，珠身布满朱砂沁，宽留头。珠长7.6公分，直径1.6公分，重31.47克。三杠6线环珠。实属罕见的宝珠。

雪花状水沁欣赏

冰状水沁欣赏

第三十六节　宝瓶天珠

一、宝瓶天珠简介

宝瓶天珠：又称宝藏天珠、“舍利天珠”。 象征永生不朽，长寿恒久。是财富的源泉。在西藏任何聚宝类圣物里面，必然装脏有一颗以上的宝瓶天珠，以确保获得勾招财富的能量，能够极快的达到预期目的。所以宝瓶天珠是一切财富的首领和核心，具有汇聚正财、偏财和天降财的能量。是一尊能够随身赐福显灵的财神。

宝瓶天珠，是密宗所有法统的继承，可使佩戴者功德圆满、福慧具全、聚吉纳财、健康长寿。 可摄集息灾、增益、敬爱、降伏、铭召五大法门效应。

二、宝瓶天珠品类欣赏

（一）宝瓶至尊老天珠展示

图 ZMTZ36-1：此珠是热液成矿的材质，包浆油润深邃，纹线部分脱落，中留头。珠长 3.5 公分，直径 3.2 公分，重 9.41 克。是难得收藏宝珠。

冰花状水沁欣赏

第三十七节 菩提天珠

一、菩提天珠简介

菩提天珠：可使修练者顺利走向正觉之路，是增强智慧与灵性的天珠。最利于修行人供养佩戴，佩戴者可使小聪明变大智慧、可提高禅定和通乂的能力、可消除七灾八难，获得圆通的境界。可以帮助任何五行失调的人圆润磁场，是不可多得的珍品。

二、菩提天珠品类欣赏

（一）三杠菩提天珠展示

图 ZMTZ37-1：三杠菩提天珠，珠长 5.5 公分，直径 1.4 公分，重 19.03 克。

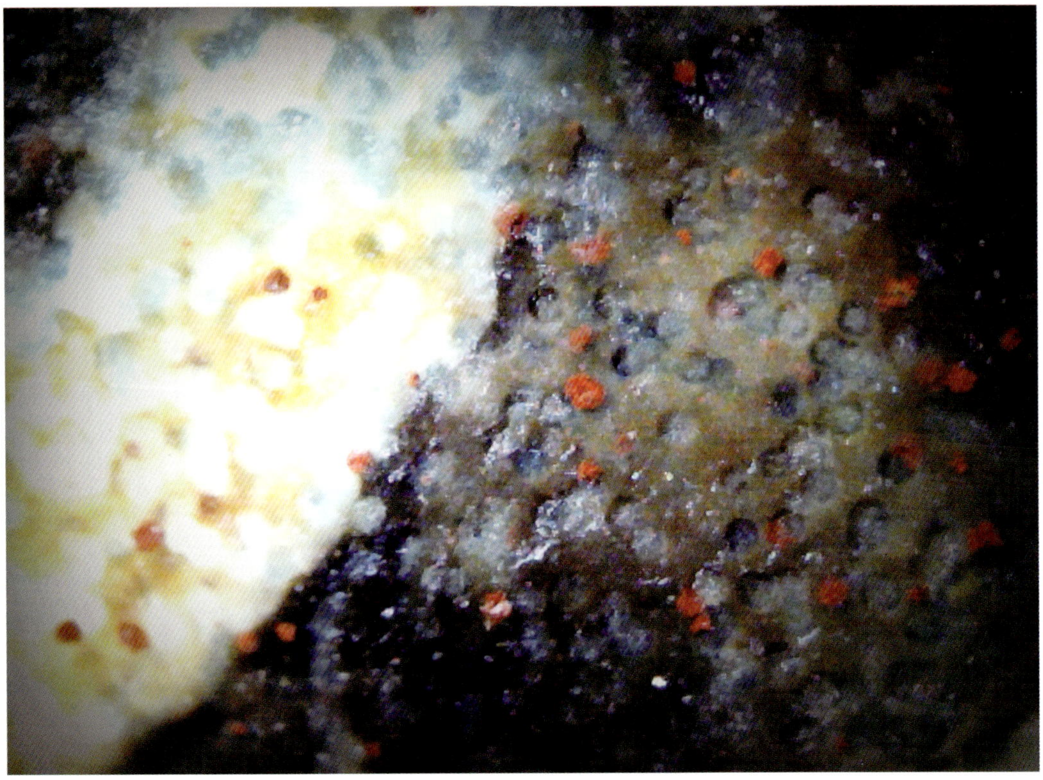

干旱状水沁欣赏

沁色欣赏

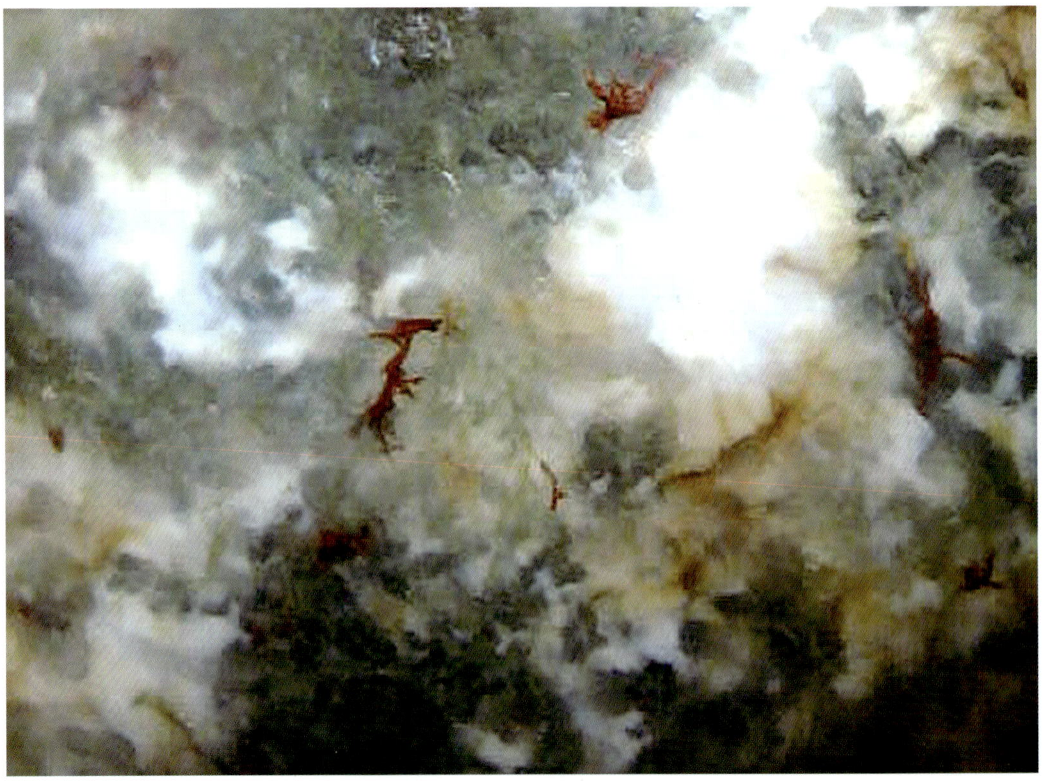

第三十八节　如意天珠

一、如意天珠简介

如意天珠：又称金钱铭、金钱勾天珠，法会时持以指挥及护身。亦属铭召法，能提升精神意识，可以呈现出吉祥的寓意。

如意结即取此意，吉祥如意、四季如意、平安如意。如意结是以四个浆草结（三环结）组合而成。

如意天珠具有招财、勾财、增寿、添福，有求必应，福慧圆满。使自己与环境磁场完美统一达到最高境界。

二、如意天珠品类欣赏

（一）单杠如意天至尊老天珠展示

图ZMTZ38-1：此如意天珠，是热液成矿材质，呈棕褐色，纹线部分脱落，包浆油润古沉，窄留头。珠长3.6公分，直径1.2公分，重9.30克。单杠两线环珠。珠体内部有罕见的大红舍利花，只有大成就者盘磨，才有这样的美景。具有珍贵的收藏价值。

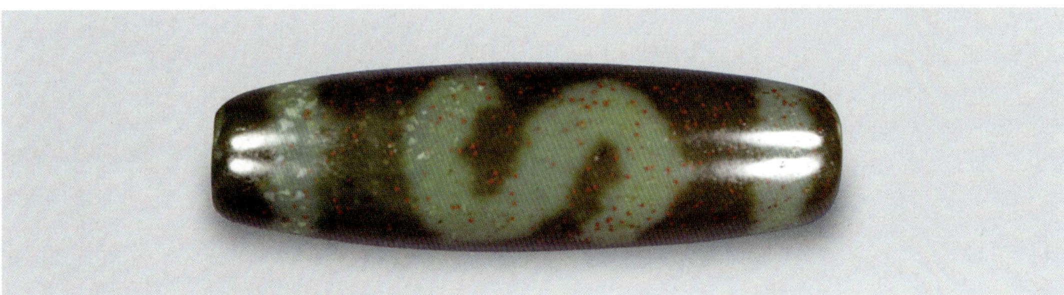

图 ZMTZ38-2：此如意天珠，两线环珠，宽留头，线条较粗陋。

水银沁上的舍利红花

须根沁上的黄花沁

第三十九节 彩虹天珠

一、彩虹天珠简介

彩虹天珠：为虎纹天珠的一种，有人称其为“极罕见的虎纹天珠”、“水纹天珠”等。为圆短型天珠中罕见又高贵的种类。

彩虹天珠属于佛经的东方金刚部，其图腾象征“伏恶”，调伏修行人内心与外在客观环境的障碍。中间的直线与两旁相互对称的波状条纹颇似“水”字。水代表财，财源滚滚、绵延不断。按水纹天珠供养，则能是调和水气。现今住宅地都是土多金少，水气也都是人造的死水，财气难旺，即使财气升腾也会暗削命气，导致各种疾病和突发横祸，水纹天珠的最大功用就是可以调和金水，兴旺事业，同时可以同保命气不至于散失。

二、彩虹天珠品类欣赏

（一）单杠彩虹天珠展示

图ZMTZ39-1：此珠呈棕褐色，纹线清晰透绿，包浆深邃，大宽留头。珠长7.6公分，直径1.4公分，重25.11克。单杠4线环珠。此珠外部属无意人为朱砂沁。

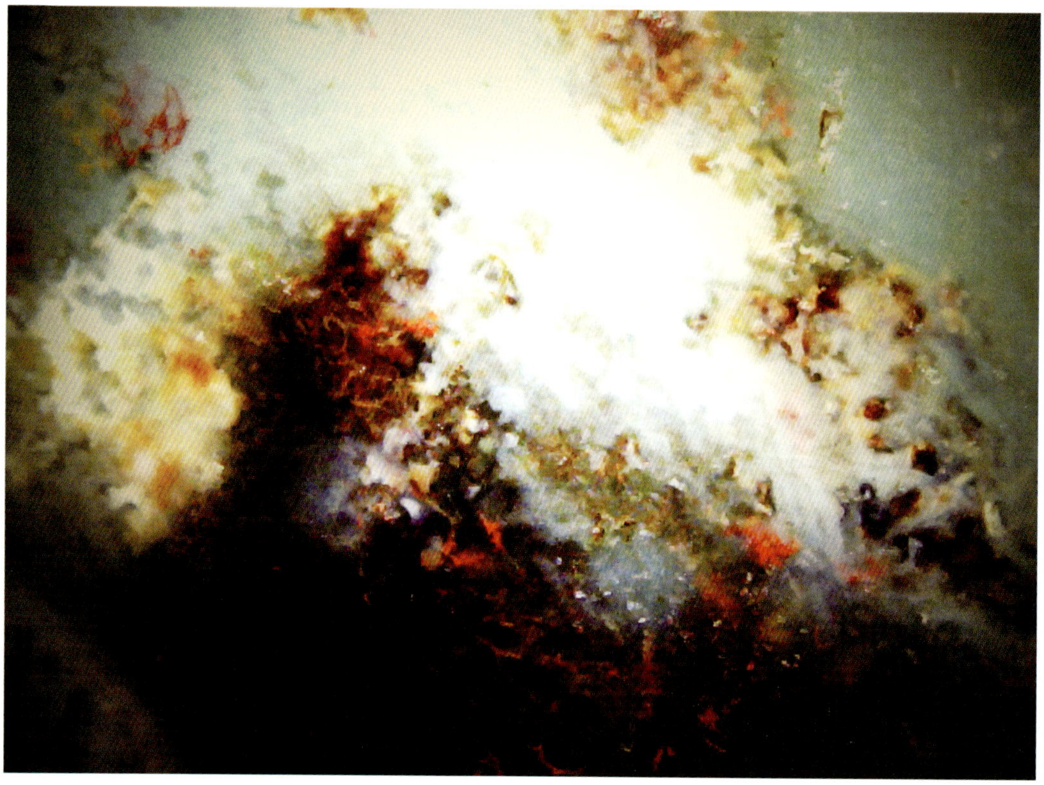

雪状水沁欣赏

红花沁欣赏

第四十节　绿度母天珠

一、绿度母天珠简介

绿度母天珠：由于最早的天珠是绿度母撒到人间的，所以绿度母天珠本身就赋有很深的寓意。在西藏绿度母天珠就代表着绿度母本尊，可以直接赐给佩戴者所有的能量，拥有这样的天珠就等于拥有绿度母的加持，可以满足自心任何的愿望和祈祷，补足各种五行和命气。

使十方圆明，能闻声救苦，普度众生，保佑平安。适合各种生肖的人佩戴。是人们想求的宝珠。

二、绿度母天珠品类欣赏

（一）三杠绿度母老天珠展示

图ZMTZ40-1：此珠黑色，纹线清晰透蓝绿，包浆油润深邃，宽留头。珠长7.9公分，直径1.4公分，重25.74克。三杠6线环珠。是传世之宝珠。

图ZMTZ40-2：珠体布满朱砂，纹线清晰透蓝绿，包浆油润深邃，宽留头。珠长7.9公分，直径1.4公分，重28.55克。 双杠4线环珠。

沁色欣赏

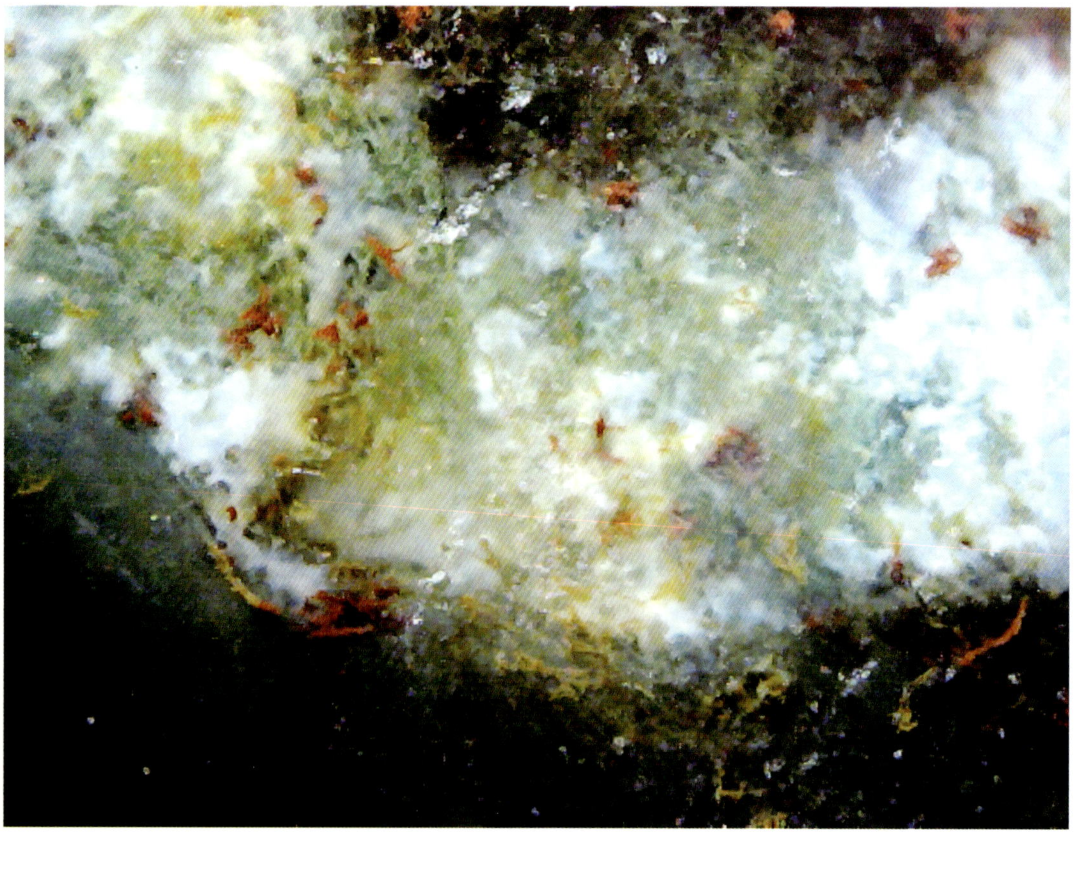

第四十一节　贵人天珠

一、贵人天珠简介

贵人天珠：也称大人天珠。

使佩戴贵人天珠，可得到贵人相助扶持，能破除一切业障磨难，具有驱逐恶魔的力量。一生平安，富贵荣华，可使夫妻家庭相处和睦，事业成功。是大多人群所求的宝珠。

二、贵人天珠品类欣赏

（一）单杠贵人至尊天珠展示：

图ZMTZ41-1：此珠呈棕褐色，纹线清晰泛蓝，包浆深邃，宽留头。珠长3.8公分，直径1.3公分，重9.94克。单杠两线环珠。

图ZMTZ41-2：龙头贵人。

须根沁欣赏

第四十二节　寿珠

一、寿珠简介

寿珠：有福寿天珠、长寿天珠、龟甲长寿天珠多种。也称龟纹天珠，它是西方长寿佛加持的圣物，代表长寿。可使身体健康、长命百岁、延年益寿；可促进夫妻感情、并蒂长生；可调五行命气微弱和受不良磁场、灵物损害而导致的暴病、夭折等厄运；对于先天命气的补充有不可思议的能量，有速除沉疴的神效。

二、寿珠品类欣赏

（一）双杠至尊老天珠展示

图ZMTZ42-1：此珠棕褐色，珠体和纹线透绿，包浆深邃，窄留头。珠长3.3公分，直径1.3公分，重11.42克。图腾是两面都模拟龟背图，双杠4线环珠。

须根沁欣赏

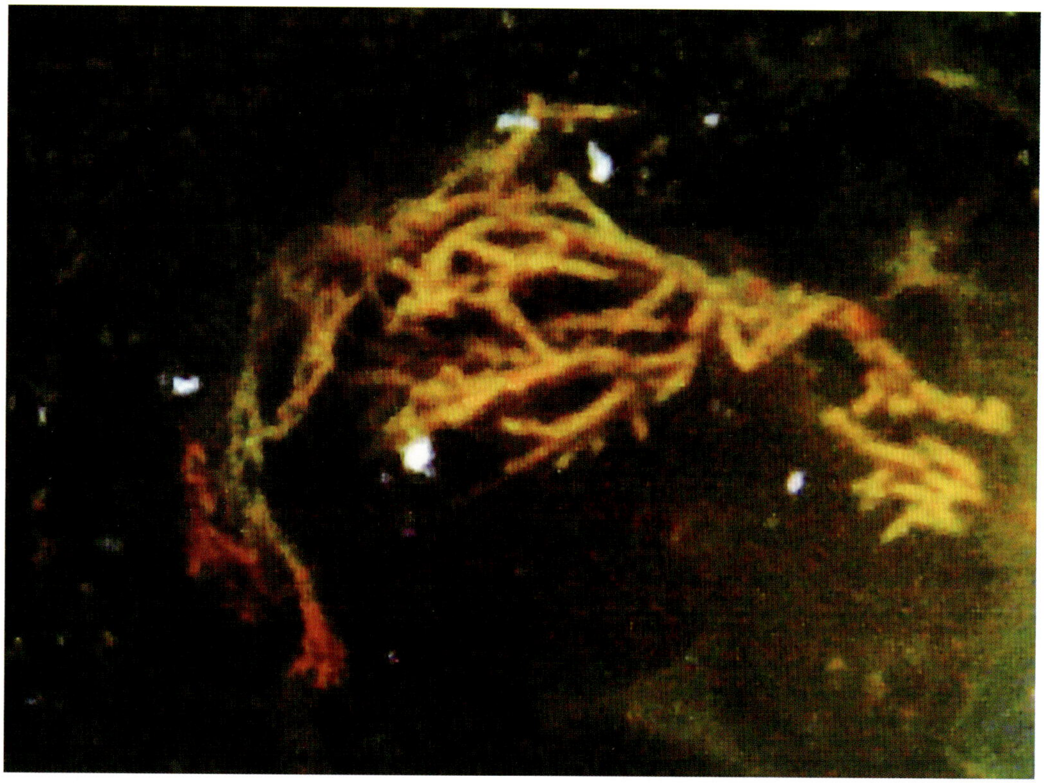

第四十三节　金刚眼天珠

一、金刚眼天珠简介

金刚眼天珠：有金刚二眼天珠、圆形金刚三眼天珠、金刚六眼天珠三种。金刚眼为智慧之眼，是金刚部智慧本尊的加持显现。

佩戴此珠的人可明显感觉到智慧敏锐、聪明度递增，适合在领导层的人士和求学人佩戴，使自己与环境磁场完美统一。

二、金刚眼天珠品类欣赏

（一）单杠金刚眼至尊老天珠展示

图ZMTZ43-1：此珠棕褐色，是热液成矿材质，纹线清晰透绿，包浆油润古沉，窄留头。珠长4.1公分，直径1.2公分，重11.22克。图腾是两面一样眼与眼相连。单杠3线环珠。是经大成就者盘磨传世宝珠。

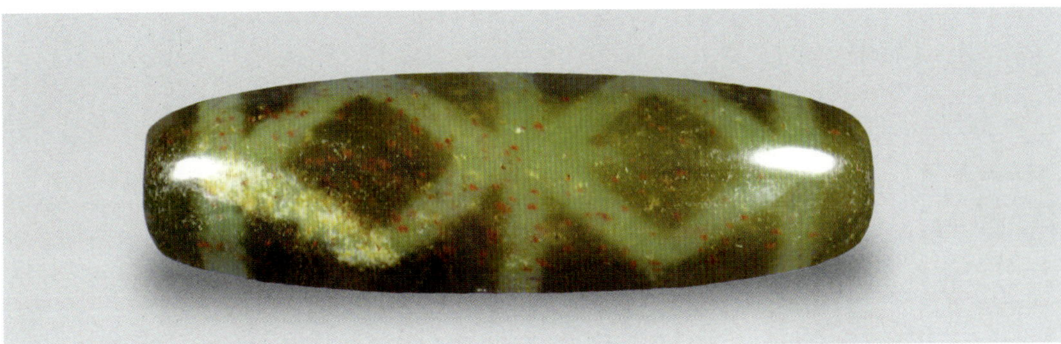

（二）双杠金刚眼至尊老天珠展示

图ZMTZ43-2：此珠呈棕褐色，是火山爆发热液成矿材质，纹线清晰，包浆油润古沉，窄留头。珠长3.9公分，直径1.3公分，重11.00克。图腾是两面一样眼与眼隔开。双杠6线环珠，是经高僧盘磨传世宝珠。

（图ZMTZ43-1）珠体内部景色

第四十四节　金刚杵天珠

一、金刚杵天珠简介

金钢杆天珠：有双线金刚杵天珠、双心金刚杵天珠、重叠金刚杵桩天珠、特殊金刚杵天珠多种。

金刚杵天珠源于密宗法器，具有如来金刚的智慧，有消灾除邪、招福挡煞、趋吉避凶的功力，可使健康与福慧增长，是财富名利、人格荣誉等力量的象征。也可作为护身、镇宅法器摆放。

二、金刚杵天珠品类欣赏

（一）双杠金刚杵老天珠展示

图ZMTZ44-1：此珠呈棕褐色，纹线透绿，包浆古沉，宽留头。珠长7.8公分，直径1.4公分，重27.46克。图腾是两面一样的金刚杵。双杠4线环珠。此珠外部属无意人为朱砂沁。

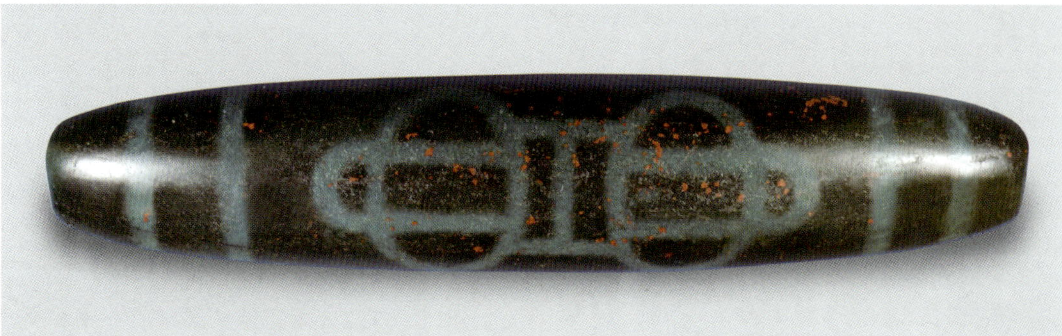

牛毛沁欣赏

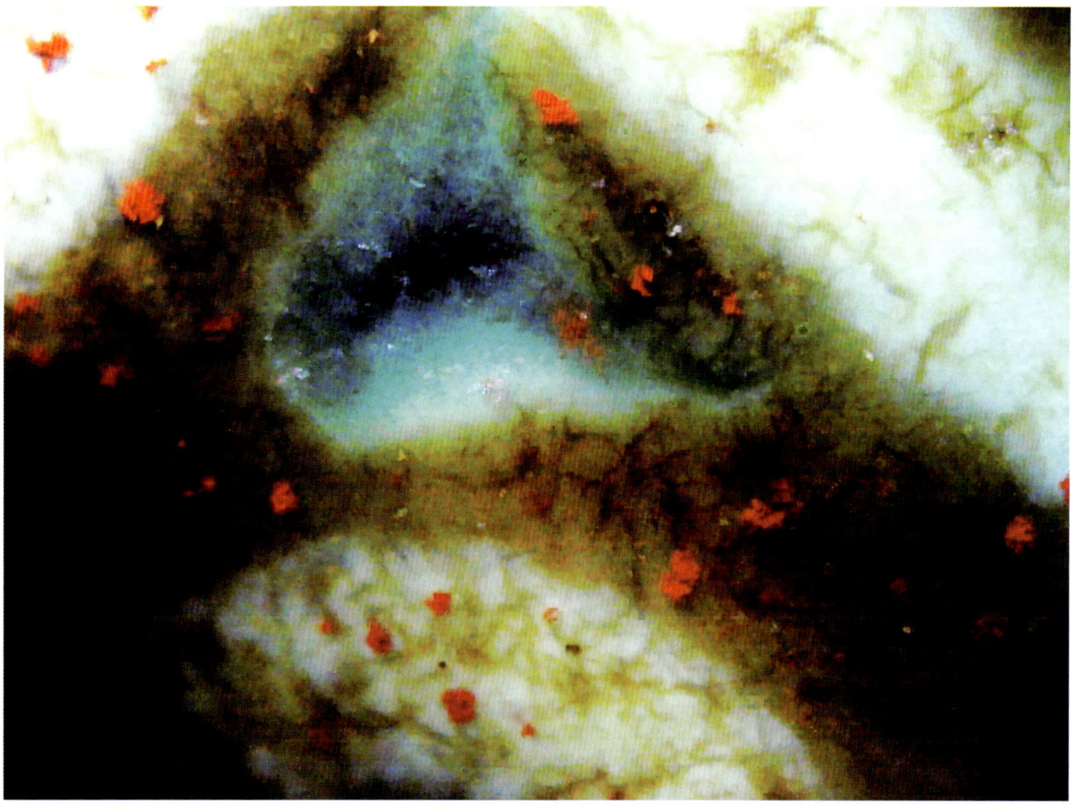

第四十五节　莲师法器天珠

一、莲师法器天珠简介

莲师法器天珠：又称威德天珠，是莲花生大师离开西藏之际加持的降魔圣物，可以任意击败小人的恶意中伤和不良磁场的蓄意侵害，磁场威力之强足以破除各种突发意外事件， 通过十三道金刚密咒启动能量后，佩戴在身就会形成一个自然界的坛场，百邪不侵。

二、莲师法器天珠品类欣赏

（一）单杠莲师法器至尊天珠展示

图ZMTZ45-1：此珠呈黑色，是热液成矿材质，纹线清晰透绿，包浆油润古沉，中留头。珠长5.8公分，直径1.3公分，重16.70克。单杠4线环珠。是传世宝珠。是适合大成就者佩戴的宝珠。

（二）双杠莲师法器天珠展示

图ZMTZ45-2：此珠呈棕褐色，纹线清晰粗壮，包浆油润古沉，中留头。珠长7.3公分，直径1.4公分，重25.01克。双杠6线环珠。是传世宝珠。

沁色欣赏

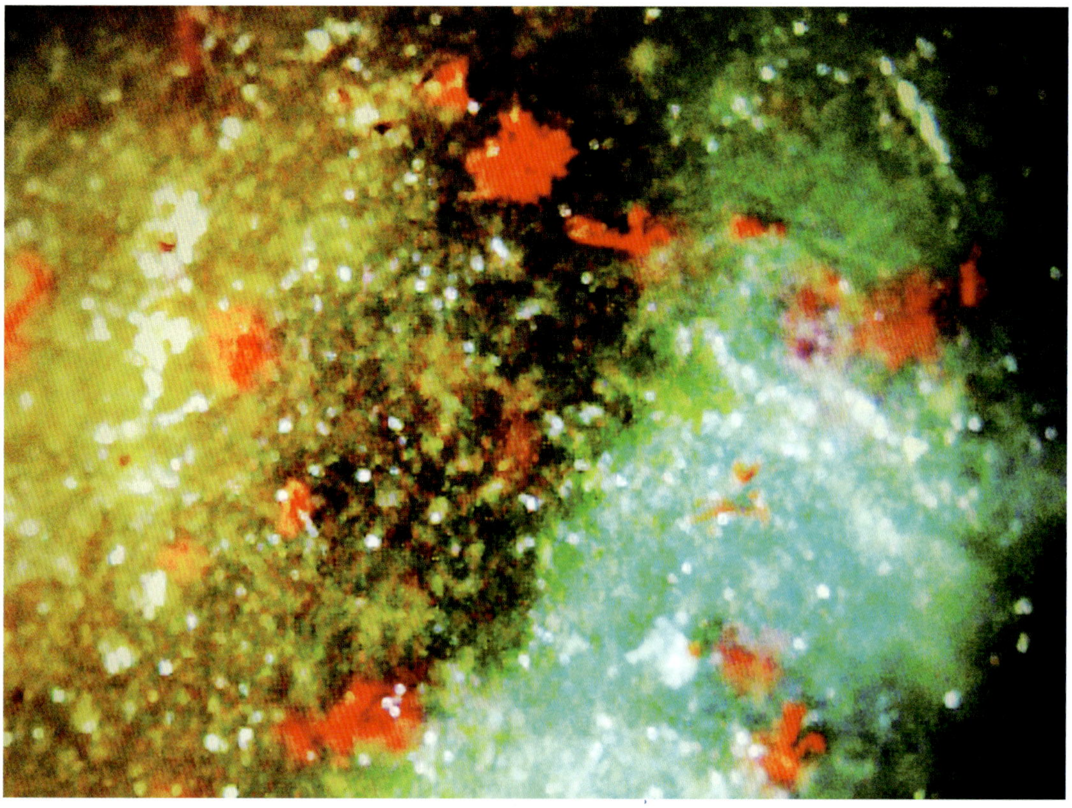

第四十六节　莲师法帽天珠

一、莲师法帽天珠简介

莲师法帽天珠：莲花生大师是藏传佛教的开宗祖师，是释迦摩尼佛，阿弥陀佛，观世音菩萨的总集化身。被尊称为第二佛，或咕噜仁波切。莲花生大师能圆满成就一切佛法事业。终摄所有一切福德、智慧、权威、名望、财富之根源。

莲师法帽天珠：是天珠中最具灵性者，是密宗之祖莲花生大师以神通力化现出来而流传于世的宝珠。有化解自相五行相克和调柔事业、智慧、权势与健康等能量。能补充任何五行命气衰弱者的磁场，是灵界争相祈祷、供养的圣物。能圆融所有先天磁场使命气强盛的权威宝珠。法帽即是王冠为王者拥有。更为修密法者带来不可思议的力量与加持。使自己与环境磁场完美统一达到最高境界。

二、莲师法帽天珠品类欣赏

（一）双杠莲师法帽老天珠展示

图ZMTZ46-1：此珠呈黑色，纹线清晰透绿，包浆古沉，宽留头。珠长7.8公分，直径1.4公分，重29.52克。图腾是帽中呈尖形内陷。双杠4线环珠。罕见之宝珠。

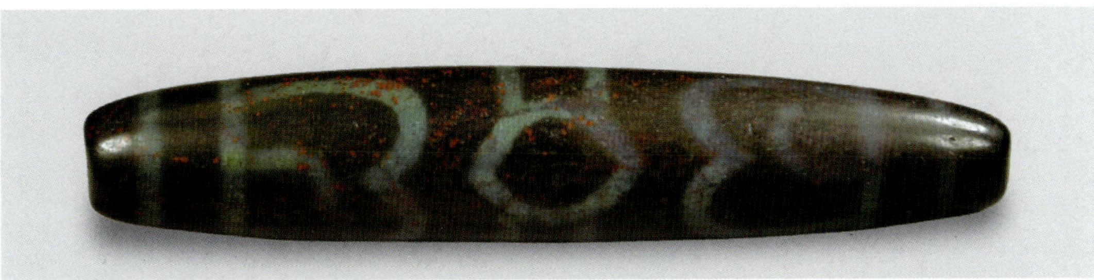

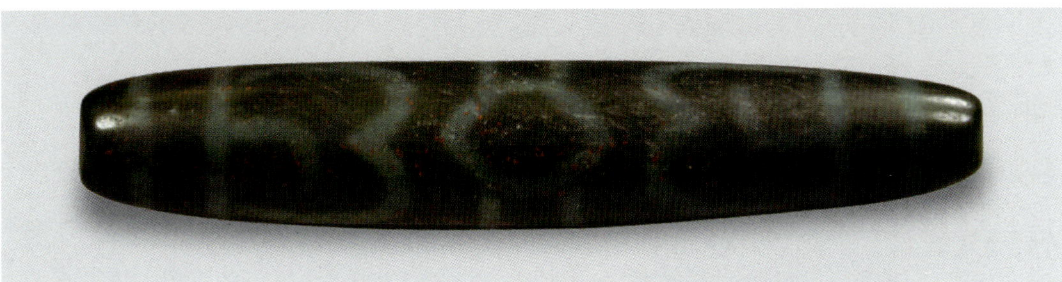

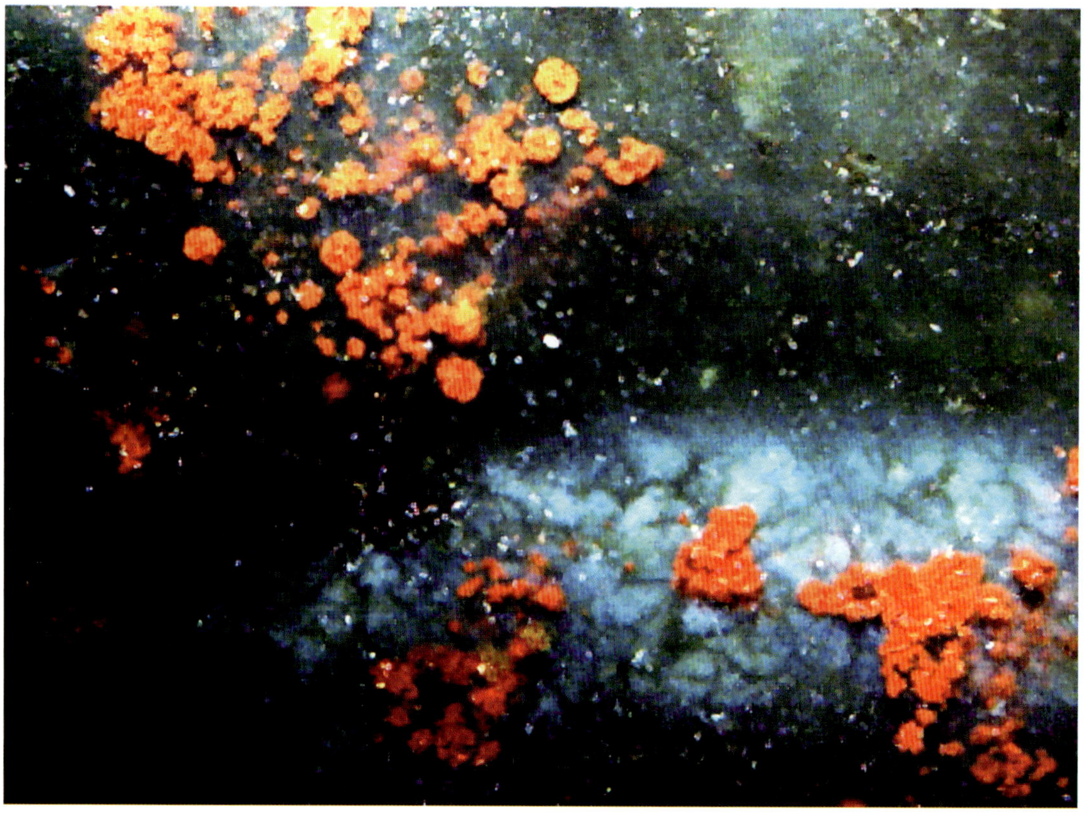

惰性红花沁欣赏

第四十七节　虎牙天珠

一、虎牙天珠简介

虎牙天珠：是地、水、火、风、空、识六大元素所构成的人体生理学。有助提升精神意识、调理改善虚弱体质、增强免疫功能、拥有恢复人体五脏六腹之生理机能，并可迅速补充体力。

虎牙老天珠以威势闻名，小孩的百日关、大人的事业关、女人的婚姻关、老人的寿辰关、只要戴上虎牙老天珠以及开启过能量场的天珠，立刻身心和悦、五行发旺、轻松冲关闯卡，丝毫不伤命气，有从虎门夺命之威力。

虎牙天珠的三角形两端对称、重复排列的图案，可视为法器金刚杵。小虎牙天珠、小莲花天珠均可防治心脏病、高血压、恶梦、失眠、头痛等神经系统的疾病，及其它各种和血液有关之疾。可以促进心脏及肺脏循环系统的机能。能使佩戴者刚毅坚忍、消除波折、移灾去邪、健康如意，使自己与环境磁场完美统一。

二、虎牙天珠品类欣赏

（一）单杠双虎牙天珠展示

图ZMTZ47-1：此珠呈棕黑色，包浆油润古沉，纹线泛绿，珠体布满朱砂，宽留头。珠长2.8公分，直径1.3公分，重6.76克。图腾是单层虎牙天珠两端各有3个虎牙。

（二）单杠金刚眼虎牙天珠展示

图ZMTZ47-2：此珠特征，中间有三个金刚眼，虎牙相对，纹线清晰。

（三）双杠双虎牙天珠展示

图ZMTZ47-4：此珠呈棕褐色，包浆深邃，纹线清晰。宽留头。珠长7.6公分，直径1.4公分，重28.66克。图腾是两端各有3个虎牙，牙尖相错，三杠8线环珠。

第四十八节　虎纹天珠

一、虎纹天珠简介

虎纹天珠：因外形与马齿天珠相似，因此虎纹和马齿并称为“闪电天珠”，虎纹天珠带有连续的锯齿纹路，含有“伏恶”的力量。

虎纹天珠因图案的不同，又可分为罕见的、少见的、常见的。它的图腾属于佛经的金刚部。可以降服修持者内心或外在的障碍。有着刚强坚韧、消除波折、勇往直前、移灾去邪、保佑平安之意。可防治心脏病、高血压以及其它各种和血液有关之疾。

二、虎纹天珠品类欣赏

（一）虎纹天珠展示

图ZMTZ48-1：虎纹天珠

绿铜沁欣赏

舍利红花欣赏

第四十九节　大鹏鸟天珠

一、大鹏鸟天珠简介

大鹏鸟天珠：大鹏鸟即是的金翅鸟。是三世诸佛智慧的显现。有世间大鹏鸟、化身大鹏鸟与智慧大鹏鸟三类。各伏藏品中都有多种不同的大鹏修法，也出现了六种不同修法的分类，其中白色是身部大鹏鸟；红色是语部大鹏鸟；蓝色是意部大鹏鸟；黄色是功德部大鹏鸟；绿色是事业部大鹏鸟；花色是殊胜智慧部大鹏鸟。法王上师曾说："金翅鸟王像章仅仅系带就不会遭受任何违缘损害，被称为一切护神之首，也是尊胜诸方的标志。"如今色达喇荣这片土地上，几乎每个人的颈上无不佩有一枚大鹏鸟像章，这象征着金翅鸟王的事业蒸蒸日上。

大鹏鸟天珠是佛教第一护法神大鹏金翅鸟的化身。大鹏金翅鸟是唯一一尊立于释迦牟尼佛头顶飞翔的护法神，它有摧破一切邪恶和怨敌的力量，代表至高无上的权势与威德。

佩戴此珠的人能随时得到大鹏鸟的加持、守护，破除一切积攒已久的晦气和不顺，尤其利于消灭小人和幽灵之类的外力违缘。

佩戴此珠具有大威神力，可降伏魔敌、增功德利益、能祛除病苦、是强身健体的如意宝珠，象征吉祥圆满，使一切黑暗中众生获得光明。大鹏金翅鸟还包含着密宗息、增、怀、诛四事业的深广的含义。

二、大鹏鸟天珠品类欣赏

（一）单杠大鹏鸟老至尊天珠展示

图ZMTZ49-1：此珠呈棕黑色，珠体开窗泛蓝，包浆古沉，窄留头。珠长3.7公分，直径1.3公分，重10.64克。图腾是两面一样的单线方形里是大鹏鸟，单杠两线环珠。

图ZMTZ49-1：须根沁

第五十节　天地天珠

一、天地天珠简介

天地天珠：圆形图案代表天门，方形图案代表地门，天圆是喻为如来的智慧相；地方是喻为众生之根基。天圆地方、阴阳调和、消除魔难、能转换厄运、是百福千祥的幸存天珠，能使所有的业力转换成愿力。

天地天珠可以调整年月日时的八字不利所带来的损害，填补八字中所欠缺的部分，化解生辰中被免被冲的吉祥运程，聚集天地的灵气，使得所求所愿都能顺利的圆满达成。

二、天地天珠品类欣赏

天地天珠品类有多种，有天地天珠、有两个地门在同一侧，称为双地门天珠；一侧有天门和地门，另一侧的图案也与之对称的，称作“双天双地天珠”。

天地天珠包括天地天珠、一眼天地天珠、天地双眼天珠、双线单地天珠。

（一）单杠天地天珠展示

图ZMTZ50-1：此珠棕褐色，是热液成矿材质，纹线清晰泛绿，包浆油润古沉，图腾天圆地方。单杠2线环珠。是传世难寻的宝珠。

（二）双杠天地至尊天珠展示

图ZMTZ50-2：此珠棕褐色，是热液成矿材质，纹线清晰泛绿，包浆油润古沉，窄留头，大喇叭口。珠长3.9公分，直径1.3公分，重11.61克。图腾天圆地方。双杠4线环珠。是经过大成就者盘磨传世之珠，是难寻的宝珠。

（三）双杠天地眼中眼至尊天珠展示

图ZMTZ50-3：此珠特点，天圆地不方，地的左右两边向内收敛，线呈蓝色，珠体呈棕黑色。是天珠极品。

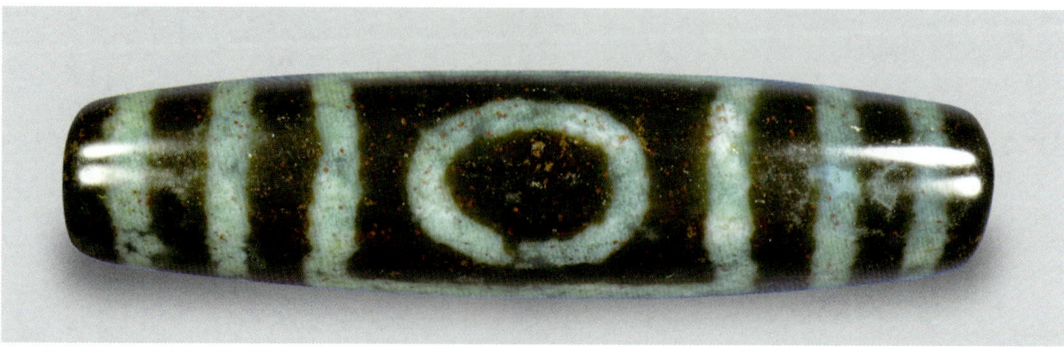

第五十一节　双天地天珠

一、双天地天珠简介

双天地天珠：品类很多，有双天地天珠、双天一地三眼天珠、双线双天地天珠、双天地福禄天珠、四天地天珠、超大型双天地两眼天珠、巨型天地天珠等多种。具有天圆地方、阴阳调和、消除魔难、能转换厄运、是百福千祥的殊胜天珠，能使所有的业力转换成愿力。聚集天地的灵气，使得所求所愿都能顺利的圆满达成。

二、双天地天珠品类欣赏

（一）单杠双天地至尊天珠展示

图ZMTZ51-1：此珠特征，是热液成矿材质，呈棕褐色，纹线清晰泛蓝，包浆古沉，齐留头。珠长3.8公分，直径1.1公分，重9.06克。单杠3线环珠。两面各有一天一地。适合大成就者佩戴的宝珠。

（二）双杠双天地天珠展示

图ZMTZ51-2：此珠特征，珠长7.7公分，直径1.4公分，重29.71克。双杠6线环珠。两面各有一天一地。

舍利红花欣赏

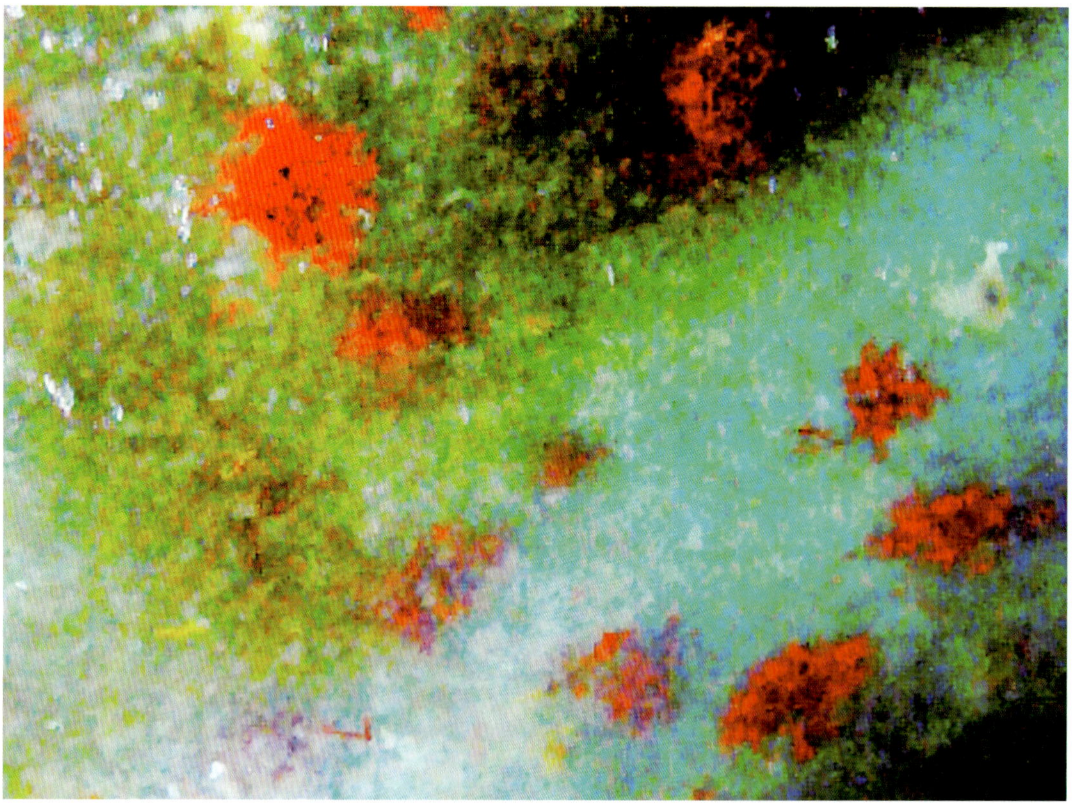

第五十二节　日月星天珠

一、日月星天珠简介

日月星天珠：专门解脱被孤星和凶星等星气克制的不利运程，调和佩带者的阴阳，增添活跃的气势，生机勃发，天长地久，昼夜交替现象使得人际关系在极短时间内得到改善，有利于业务洽谈和调和命气，调整人和地域的风水磁场臻于一致。

日月星天珠宇宙自然转承，具神奇无形力量加持，福德增长，守护破除一切积攒已久的晦气和不顺，尤其利于消灭小人和幽灵之类的外力违缘。

二、日月星天珠品类

（一）单杠日月星至尊老天珠展示

图ZMTZ52-1：此珠是热液成矿材质，呈棕褐色，纹线清晰泛绿，包浆古沉，窄留头。珠长3.7公分，直径1.1公分，重9.11克。单杠两线环珠。图腾是一面是日，一面是月。实属难寻之宝珠。

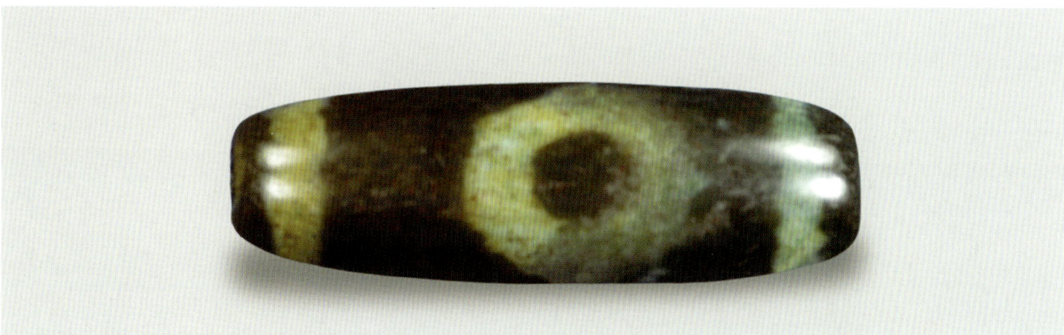

须根沁上生出的黄花沁

须根沁上生出的红花沁

第五十三节　药师天珠

一、药师天珠简介

药师天珠：又称圆线珠。多为扁豆型，珠身中间有一条白色的条纹。每颗药师天珠的纹路都是天然形成的。可当念珠使用，尤其是佛教弟子修持药师法门为甚。药师佛手持的念珠，能去百病，可强身长寿。

二、药师天珠品类欣赏

（一）药师天珠展示

图ZMTZ53-1：药师天珠手串

须根沁欣赏

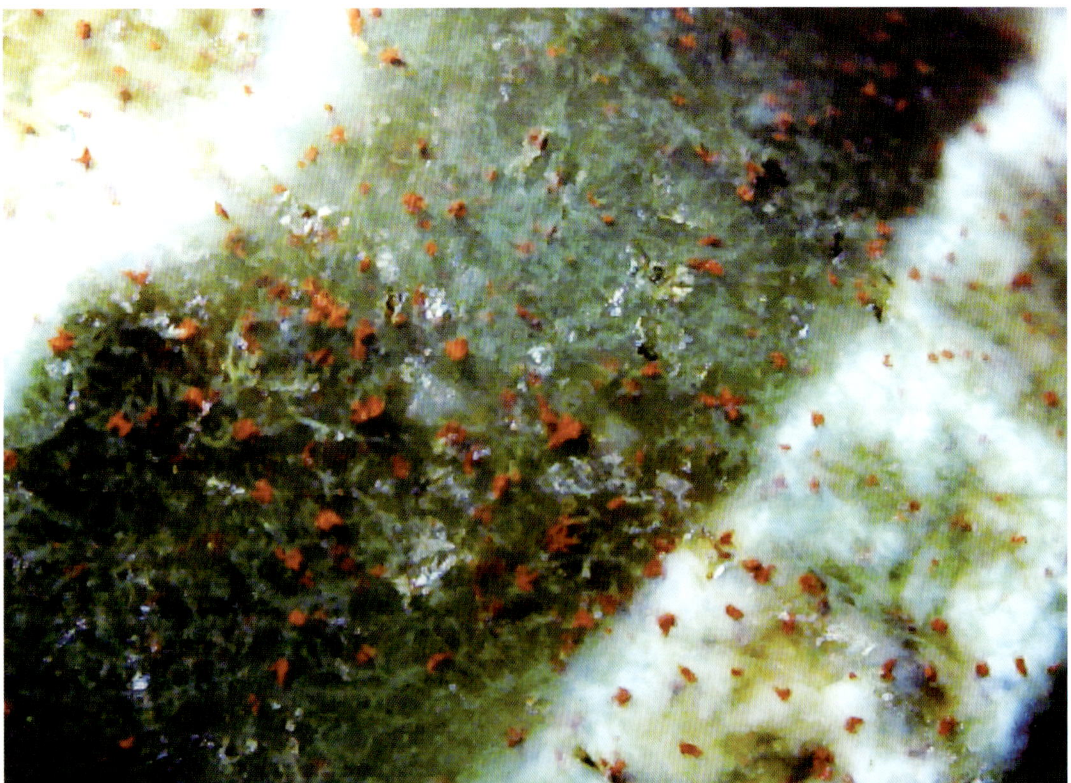

第五十四节　线珠

一、线珠简介

线珠包括两线线珠、黑色两线小线珠、四线线珠、弯月形线珠、两线弯月形线珠、四线弧形线珠、粉红色两线小线珠、三色线珠、水纹小线珠、不规则线珠、六线弯月形线珠。有一线、二线、三线直至十一线等等。线珠的最大功能就是可以提高智能和领悟能力，能破除一切不利因素，有调和五行命气的作用。

线珠具有阴阳交替的现象界，拥有调节转化的作用。佩戴此珠者，能使思想和行动一致，进而达到理想的目标。

二、线珠天珠品类欣赏

（一）三线龙头天珠展示

三线天珠一世亨通，使运势由恶转吉，凡有所求，皆如人意。

图ZMTZ54-1：三线龙头老天珠

（二）三线至尊老天珠展示

图ZMTZ54-2：此珠特征，珠体半边透绿，半边是黑色，纹线大部分透绿。

（三）三线角形老天珠展示

图ZMTZ54-3：三线角形老天珠

第五十五节　龙珠

一、龙珠简介

龙珠：又称天珠王、是避邪之珠。龙眼六字大明咒的化现、佛教的真髓、万咒之王，是一切快乐的泉源，所求皆如愿，其功德说之不尽。

二、龙珠品类欣赏

（一）龙眼天珠展示

图ZMTZ55-1：龙眼天珠

气泡沁欣赏

须根上的大红花

第五十六节　太极图天珠

一、太极图天珠简介

太极图天珠：喻示昼夜（阴阳）交替的现象界，拥有调节转化的作用。法力无边、驱邪避凶、万事如意、福寿双全、并蒂长生、一切圆满、财富必增、保佑平安。适合各种生肖的人佩戴。使自己与环境磁场完美统一，达到人神合一最高境界。

二、太极图天珠品类欣赏

（一）三杠太极图至尊天珠展示

图ZMTZ56-1：此珠呈棕褐色，是热液成矿材质，珠体和纹线透绿，包浆深邃，手工打孔，宽留头。珠长7.3公分，直径1.5公分，重27.88克。图腾两面都是太极八卦图，三杠6线环珠。是经过大成就者盘磨传世之珠，实属罕见难寻的宝珠。

太极内部沁色欣赏

第五十七节　羊眼天珠

一、羊眼天珠简介

羊眼天珠：又称圆板珠（藏语发音为鲁密〉。远在公元前3,000年两河流域的苏美人就开始佩戴这种圆板状的珠子。他们称呼这类的珠子为“乌贾”，意旨太阳神霍拉斯的眼睛，用其来抵御邪神的侵扰。这类的圆板珠流传于西藏、巴基斯坦、两河流域及埃及地区。圆板珠可以算是所有天珠型式中发展最长，流行最广的一种，可分为分立体与扁平状两类。印度人称圆形板状为眼珠，用来驱避鬼邪。

佩戴此珠可使财富受用增长、事业顺利。能降魔除妖、百魔不敢近身。

二、羊眼天珠品类欣赏

（一）羊眼天珠展示

图ZMTZ56-1：羊眼天珠

图ZMTZ56-2：羊眼天珠

须根沁上生红花

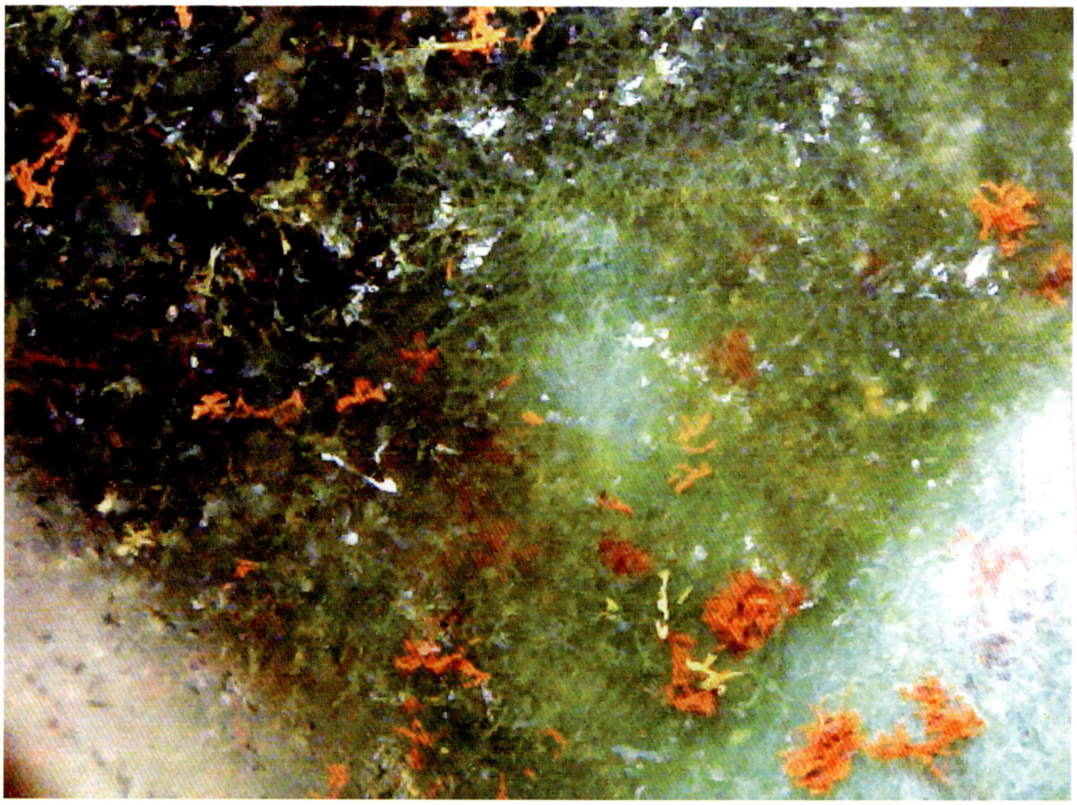

第五十八节　串珠

图ZMTZ58-1：此手串，质地坚硬，沁色爆满。

图ZMTZ58-2：此手串，质地坚硬，小花沁色满满。

图ZMTZ58-3：此宝瓶手串，红花沁朵朵。

图ZMTZ58-4：多种款式的小串珠。

图ZMTZ58-5：砗磲种子字手串。

图ZMTZ58-6：多种款式的小串珠

图ZMTZ58-7：此三线手串，红花沁朵朵

图ZMTZ58-8：多种款式的小串珠

图ZMTZ58-9：多种款式的小串珠

图ZMTZ58-10：多种款式的小串珠

图ZMTZ58-11：虎牙小串珠

图ZMTZ58-12：多种款式小串珠

第五十九节　多眼天珠

一、奇异罕见的十五眼老天珠

此十五眼天珠，重110g，长15cm，直径30cm，珠体分部，中间两面各五眼，中心一眼，平顶圆弧形兜揽。两端各两眼，双杠，四线环珠，纹线清晰，共计十五眼。是一颗难得罕见的宝珠。

二、奇异罕见的玛瑙二十眼天珠

玛瑙二十眼天珠中间为四个菱形一眼，平顶圆弧形兜揽，一线搁开。左右各四眼，两端各四眼，双杠六线环珠。

三、奇异罕见的三十六眼老天珠

此超大三十六眼老天珠，不是玛瑙，也不是至尊，是一种材质坚硬奇特石材。重700g，长16cm，直径6cm。图形的绘制，是用釉料画上去的，四眼方形相连像中国结。双杠顶头，6线环珠，中间两杠把全珠分成左右两大部分。

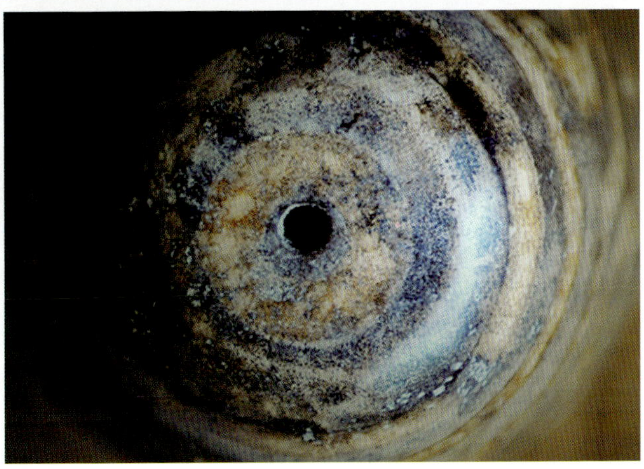

四、镇宅招财 288 眼宝珠

此珠重2200g，长24cm，直径10cm。图形考究，制作精细。

以上三颗宝珠均由天珠收藏家安心收藏。

五、可助事业发达镇宅招财的 360 眼宝珠

此珠重14公斤，长19.5厘米，直径21厘米。整珠分部的清晰、均匀，罕见难寻的宝珠。

本章选用的122颗及12串天珠，均由谢军骅、李鹏超、雷静、荣军、赵陪刚、戴启文、邢宝利、韩宝军、陈勇、吴清飞等人提供，在此表示感谢！

第六十节　种子字天珠

种子字天珠品类欣赏

（一）种子字天珠（部分）展示

1、药师三尊佛种子字

2、阿弥陀佛种子字

3、观世音菩萨种子字

4、佛教经文的种子字

5、五方诸佛种子字加楞严

6、真言宗十三佛种子字

7、文殊菩萨种子字

8、绿度母种子字

9、财宝大王种子字

10、虚空菩萨种子字

第六章

天珠功能应用

历史原因，使天珠文化传承中断了几千余年，使后人不知天珠为何如此精妙绝伦、博古通今。但天珠神奇功能、诡秘传说、特殊疗效依然在佩戴者中经久传颂。

——编 者

第一节　天珠的磁场效应

一、人体磁场

宇宙就是一个浩大的信息场。其中包括：磁力场、意识场、物质场、能量场、阴阳气场等等。人与宇宙相比较，人是宇宙中的微尘，是天地孕育的智慧生灵。

人体每时每刻都在进行着吐故纳新运动，每时每刻都在与天地磁场发生着谐振，以维持生命正常功能。

当磁场作用于人体时，人体各个系统都会有反应，只是反应程度不同，但参与反应的系统则是有序的。顺序是神经、内分泌、感觉器官、心血管、血液、消化、肌肉、排泄、呼吸、皮肤、骨胳等，尤其是神经系统与内分泌系统对磁场的感受最为灵敏。

人体缺磁，在生理上会表现出神经失调和情感失调、新陈代谢紊乱、细胞死亡加快；在临床上则会出现腰酸背痛、胸闷、失眠、头晕、头痛及周身不适等症状。

人体缺磁会引发多种疾病，如细胞缺磁会加速衰老，血液缺磁会增加粘稠度。而血液粘稠度增加则导致心脏负担加重，从而使血液、神经、泌尿、消化等诸多系统发生疾病。人体缺磁的症状我们称为磁饥饿症。

预防磁饥饿症，就要注意补充人体磁力，调整体内的磁平衡，给细胞乃至人体充磁，从而产生生物磁化效应，使各器官机能得到协调和恢复。

二、天珠磁场

天珠是超自然磁场，有扶正避邪特性。能使身心调和，启发潜在的智慧，改善人的心性，有助于修行者成就详和圆满的人生。

至尊天珠含有非磁性物质，这是从大红花，团、散、聚、合现象而得知的。科学证明只有非磁性物质才能存在自旋磁矩和轨道磁矩。在外磁场作用下，原来取向杂乱的磁矩将定向，从而表现出顺磁性。在生命科学方面，如血红蛋白和肌红蛋白在未同氧结合时为顺磁性，则为身体健康。 但与氧结合后便转变为抗磁性，身体则为亚健康，这两种弱磁性的相互转变就反映了生物体内的氧化和还原过程，因此其磁性研究成为这种重要生命现象的一种研究方法。还可使阴阳五行顺畅，调合人体磁场。

有人将天珠放在家中适当位置用天珠磁场聚集能量；有人用天珠碎石放在浴缸内泡成天珠水沐浴。其目的是在利用天珠所产生的负离子水平衡人体的酸碱质，恢复体力。

天珠，本来只是在特定环境、特定时代背景下的一种文化现象见证，是人类古老文化中的一种艺术创造，是崇尚天珠人们的一种供奉佩戴的饰物。时至今日则成为人们喜爱、尊崇的宝珠，是神奇的圣物，是给人们带来好运的吉祥物。

第二节　天珠养生

一、天珠的保健作用

公元八世纪，藏族著名的古籍医典《四部医典》及蒙藏《物质医药论》等书中，都曾提到用天珠磨成粉，配药治疗险症和血瘀记录。险症翻译成现代医学术语就是指危重病症及疑难杂症。血瘀是指瘀血疾病，如脑瘀血、脑血栓、高血脂、高血压、冠心病等血液循环系统疾病。

可以说天珠即有药用价值又有保健功能。天珠制作成妙药或直接佩戴在身，可防治高血压、心脏病、肝病、风湿病和癫痫等“龙”病，效果显著。

佩戴天珠能促进消化系统的健康，对心脏、神经有安神作用，提高睡眠质量，改善失眠状况。

提玛格西旦增平措（1673-1746）在《晶球晶珠》中说“天珠外用檫拭可除眼疾，天珠浸泡一夜后的凉水缓解血疾，饮用后可驱除凶曜病（脑溢血）。”

二、佩戴天珠的感应

佩戴天珠因体质的不同会有不同感应。有人会出现放电、发热、针刺感等现象；有人会有头晕、口渴、心跳加速、反胃、胸闷等反应，佩戴3～7天后就会适应。这时，多喝水会将体内的毒素排出。佩戴七天后不适应现象恢复正常，会感到全身舒畅，饮食增加。对失眠有明显改善。筋骨酸痛等症状减轻。这是天珠调整人体磁场并恢复真元之气的神奇功效。

注意观察以下不适症状的现象：

○气喘、支气管过敏患者佩戴：会使胸口不再憋闷而痰少。

○胃、肠病患者佩戴：患部会有暂时轻微不适，渐渐可使下痢、便秘好转。

○心脏疾病患者佩戴：瞬间会感觉心跳较快，有呕吐现象，适应后会感觉身心轻松。

○头痛、偏头痛患者佩戴：初戴会头晕、微痛，颈部较硬。适应后有好转现象。

○经痛、月经不调患者佩戴：经血量增加（若大量出血则应就医）。

○高血压患者佩戴：会出现头比较重，头晕或微痛。

○风湿神经痛患者佩戴：患部会更痛，持续三到七天渐缓。

○糖尿病患者佩戴：手脚会轻微浮肿。

○肾脏病患者佩戴：会口渴，喝水量增加，尿蛋白会下降，脸、手、脚会轻微浮肿。

○对于血液循环不佳，鼻塞、扭伤、失眠、筋骨酸痛者也可除障祛病。

其原理是天珠可以调和人体磁场，使阴阳五行顺畅，自然就增强免疫力，身体自然就会健康。

三、天珠功德

持明无畏洲（仁增•晋美林巴）尊者曾经亲自开示天珠的功德：“可使佩戴者获得金刚盔甲的护身，任何诅咒灾厄、人与非人的伤害及不利磁场的侵袭都不会对佩戴者起到任何作用。可以让佩戴者获得本尊的加持，权势财富、寿命威德和名声等世间福报都会与日俱增。可回避年、月、日、时的凶煞、太岁等恶星的损害，获得吉祥自在的解脱功德。其独特超自然能量使人在无预警下发生之事，将大事化小，小事化无，紧急时发挥不可思议的力量。”

天珠是养地气的主要藏品，《五部遗训》中谈到未来王室藏宝事宜时说：“将众多天珠装藏于地下，可起到防御天灾、扩充疆域的作用。”

现实生活中，有人用天珠供佛，运用天珠的磁场能量，感召人际关系，使财源顺畅，增进身心调和，启发浅在智慧，改善人的心性，成就祥和圆满人生。

〇佩戴天珠，可以回避凶星煞气，防止不祥力量的侵袭。对一些心怀恶念之人所下的恶咒具有遮除作用，并可将此力量返还给下咒之人，让其自食恶果。

〇佩戴天珠，可延长原本已尽的阳寿，消除飞来横祸或暴病身亡等突发性命难。使事业、名声以及财富、权势等一切福报都会与日俱增。

〇佩戴天珠，可获得众人恭敬爱戴，身体精力强健、肤色娇好自然，气质超群。具有凝聚力和向心力。

〇佩戴天珠，可聚集一切福报智慧能量的好运气，做事顺心如愿，减少阻力。

〇佩戴天珠，可获得震伏对手的威德，让人对佩带者产生敬畏，身体犹如金刚铠甲包围，能震慑住尖锐兵器不致伤害身体。并可如意降伏一切不利因素。

四、天珠灵性能力

天珠是宇宙强磁場，是法力、灵性、意念等气場能量聚合体，经历了数代大修行者佩戴、加持、修行，使其功德圆满。年代越久这种灵性气場能量聚合体越圆实厚墩，能量气場也越强大。

天珠是众生的福德和诸佛菩萨的悲愿共同化现。有不同种类的天珠具有各种功德和能量，可以帮你达成各种愿望。

圣洁的天珠，因为存有累世高人的正性能量，所以为世人所珍爱。

矿物中进化最高的宝石，本身就具有特别收容与保留印象的能力。稀世珍宝始终彰显洋溢着诱人的灵气，绽放着让人急与收藏的光芒，神秘学说，有的珠宝能保留各种印象达数千年之久。天眼通的人，能在珠宝上看到过去所发生的事情。古人就是从这一角度来了解天珠的。

第三节　天珠用途

一、天珠用于供佛

天珠供佛由来已久大昭寺、桑耶寺等名山古刹所供奉佛像的佛冠、额头及胸前镶嵌的钻石、珍珠、玛瑙、珊瑚、绿松石外，天珠也是重要的供佛圣品之一。

二、天珠用于装藏

塑佛像时，先在佛像背后留一空洞，开光时，由住持高僧把经卷、天珠、珠宝、金银玉器、甘露丸、数种名贵药材、七珍八宝、圣地花草、水土以及各类心咒、舍利粉、符等放入封上，称“装藏”。装藏物品是要能代表佛的“身”、“语”、“意”，如佛像代表“身”，各种藏经咒语代表“语”，小佛塔代表“意”等。将装藏的佛像置于家中的财位可转运、聚气纳财，具有灵性，并可产生神奇的力量。

三、天珠用于灵修

天珠磁场具有收摄、平和心性功能，用天珠的磁场能量，增进身心调和，启发潜在的智慧，有助于修行者达到心性圆满的境界。

四、天珠用于护身

天珠是赐福报、赐平安、调整运气、避邪挡煞的宝珠。是佩戴者的护身符、招财神。

大学者久米旁大师（1846-1912）在《抵御凶曜病法》中说道，“护自身可念经诵咒，护他人需有九眼石，若无，佩戴天珠即可。”

五、天珠用于配饰

天珠含玛瑙及玉质，属半宝石。在藏人眼里天珠相当于钻石，多半是串成项链戴在妇女身上当饰物，出席盛会的时候拿来炫耀地位。

近年来天珠是最宝贵的装饰品：

◎天珠早已成为是藏族姑娘成年礼或出嫁时必备配饰。

◎藏人出席重要庆典要佩戴珍贵的天珠项链。

◎佩戴一颗至尊九眼老天珠是权力财富的象征。

◎将天珠做为配饰还能促进谈话时的气氛和谐，帮助开展人际关系，尤其是与工作有关的人建立良好关系。这是源于经常佩戴天珠，得到磁场互相融合及感应的作用。

◎天珠穿成手机吊饰，可利用天珠神秘强大的磁场，排除不好的无线电磁波对人体的危害。

六、天珠置放位置

◎将天珠置放于家中的财位，可借助天珠磁场吸纳正财、偏财、天财；

◎将天珠置放于卧室，有助于睡眠的安宁与脑波的平稳，无恶梦干扰；

◎将天珠置放于书桌，有助于思考敏捷、思绪安定的功效，能增进读书效率；

◎将天珠置放于供桌上供养或观赏，可保家庭平安，事业腾飞；

◎将天珠置放于客厅或营业场所，能促进客人来访时的气氛舒适，广结客缘。

七、天珠是珍藏之宝

因为老天珠的数量很少，不像其它的珠宝可以开矿挖掘，也因为天珠有不可思议的磁场感应及灵性历久不衰，加上历代持有者的修持、佩戴，促使其价值的提升，故成了有心人争相收集典藏之珍宝。

八、天珠是馈赠的礼品

至尊老天珠图腾含有的寓意能代表馈赠者的祝愿，而且还具有保健和医疗功效的实用价值，因此自然成为馈赠亲朋好友最顶级的礼品，是其它任何古董及艺术收藏品都无法比似的。

九、天珠可以作为货币流通

至尊老天珠作为流通货币使用自古有“一珠易良马，三珠抵高楼”的比喻。

根据林东广所著的《西藏天珠》一书中所称，截至目前为止，藏族仍可将古老纯正的老天珠拿到“西藏人民银行”或“拉萨市八廓街城市信用社”等金融机构抵押贷款，或甚至直接当成现金交易、购房等。

第四节　天珠佩戴禁忌

一、佩戴天珠注意事项

◎天珠佩戴后除直系亲属，最好不让他人触摸，一旦让人触摸要及时净化。

◎行经不洁场所或参加婚丧喜庆后，要净化天珠。

◎请大修行者咏经加持，会使天珠的神奇力量增加。参加法会或修法咏经，会增长天珠的功能。

◎发生意外天珠破损时，请另行更换天珠佩戴。

◎到大庙拜佛进香时，可将佩戴的天珠拿下来，在神明前的香炉或天宫炉，薰薰香火即将天珠净化。

◎天珠破裂或消失，即代表天珠为主人化解一劫。破裂的天珠可收藏，供佛，但不可随意丢弃，正常是口念六字大明咒108遍，消除恶气后净化收藏，或把天珠装入红包袋内丢入大海或湖中去秽气。破裂的天珠不可再戴，除非请高僧加持修补，以保平安顺利。

二、天珠的净化

新请和佩戴后的天珠都应进行净化。目的是使天珠内部磁场趋于稳定状态，与佩戴者的人体磁场相结合，达到人物亲和，发挥其内在灵性。

净化方法：

◎用除障草或寺院加持过的藏香薰20分钟。

◎在阳光下晒，利用太阳光中的辐射能量暴晒一至二个小时。（西藏古老的净化方法，西藏的阳光非常强烈，紫外线辐射很高，可以更有效的净化天珠）。

◎经常携带天珠到多天珠处调和。经常佩戴天珠参加法会或修持诵经，会增长功德。不定时请修持有素或大成就者加持，更具灵力。

三、天珠保养

（一）天珠的清洗

1、彻底清洗法：将天珠放入装有10克御守盐的小碗或茶杯里，放温水，浸泡24小时。 最后用一条柔软的无棉绒布拭干即可。御守盐清洗，会让人工处理部分显现。但是对天然的部分不影响。

2、冷水浸法：将御守盐放入小碗或茶杯中，把天珠浸在水中约30分钟，然后用一个小刷子，在天珠前后左右轻轻刷洗，再在水中挥动一会儿，拿出来用纸巾拭干即可。

3、快速清洗法：购买一点御守盐，把天珠埋起来净化。每次埋放需要24小时，（御守盐不是海盐，是从海里提取加工，是有10多种矿物组成。御守盐可以为晶石消磁,增加灵性。）

侵泡于粗盐水中：加入温水，盐/水=1/4，粗盐非精细盐，天然粗盐含有吸纳杂质，清除不洁物的功效。侵泡15分钟，再用清水冲洗后，擦拭干净即可。

（二）天珠的养护

自然放置一个星期，让珠子自然干燥，让珠体方位和空气接触，形成细密均匀的氧化保护层。

手盘，一定要刚刚洗过并且已经干透。汗手请不要直接盘，注意细节部分一定要盘到。一天可以盘30分钟左右，一至两星期后，再盘此珠时，会有清爽利落的感觉，盘好了有时会呈现较强烈的反光，有些像玻璃光泽。

欣赏红花沁生成

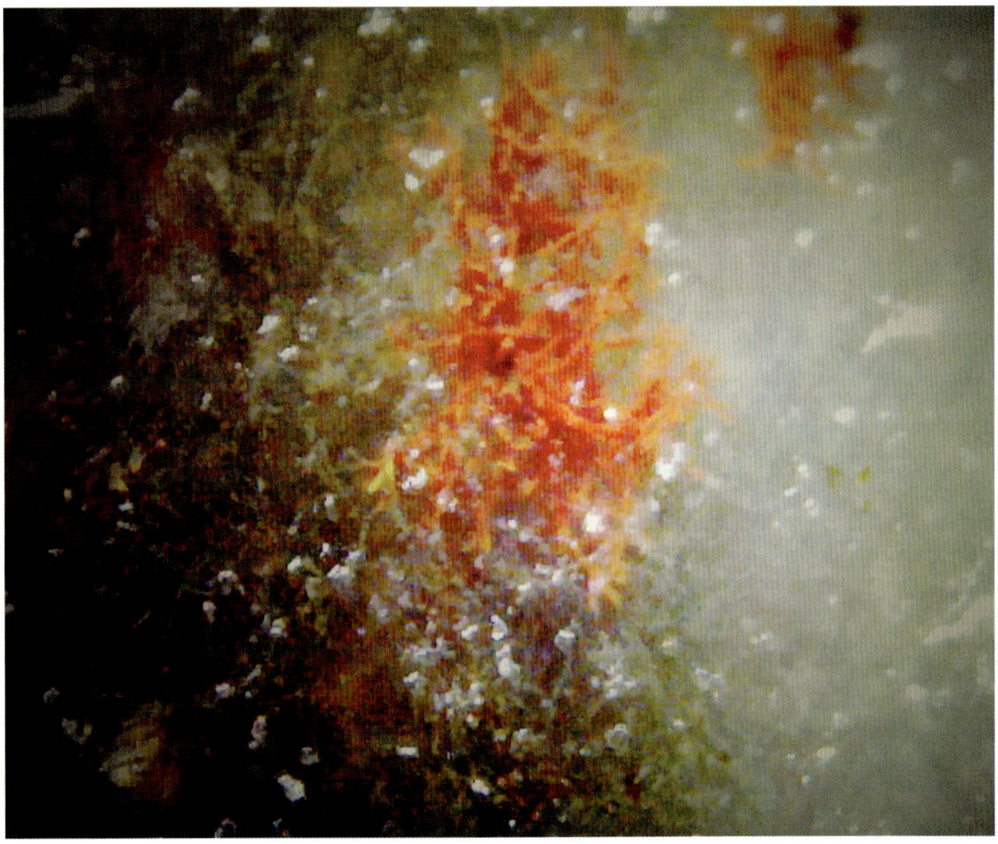

第七章

天珠制作

天珠，以其小巧玲珑、易于佩戴的饰物形式，承载着世代崇尚者的神奇力量，传递着世代敬仰者的愿望，吸引着世代爱好者对神秘而深邃的天珠文化苦苦追寻与探索。

——编　者

第一节　特殊方法采集的天珠

天珠的制作工艺分为三种，即：宗教工艺、雕刻工艺和镶蚀工艺。

一、用圆光术寻找天珠

“圆光术”是藏传佛教修持的一种法门。修持圆光术有成的人，可以直接用肉眼观察到人体或矿石等物品的生物场或磁场的颜色，可以看到这种磁场存在的形式。然后用特有的工具，顺着光芒的轨迹把这样天然形成的天珠整个从母体中脱离出来，而不损害到珠体本身。因为天然成型的天珠纹路自然流畅，容易和其它纹路掺杂在一起，不精通圆光术的人，即使仔细看也很难把成型的个体和母体区别开来。

有人亲眼见过用圆光术开采天珠现况，并且将经过作了详细的记录：五六个喇嘛在一起对他们认为含有天然天珠纹路的矿石仔细端详。在平常人看来，只是块平淡无奇的矿石。经过大约四五分钟，几个喇嘛交头接耳后，向一位年长的喇嘛请示。然后，拿着一个刀状的工具开始动工雕凿，其它几人在旁边念经。约过半个多小时，一块小的矿石便被从母体分离出来。仔细看是一颗宝瓶天珠的图案，但不十分清晰。随后经过三个多小时的打磨，一颗宝瓶天珠基本成型，再看时自然的宝瓶天珠纹路清晰流畅，但还不是像我们看到的成品那样明显。那年长的喇嘛说，等一下就好了。说完就看到那位年长的喇嘛拿出一盒液体状的药汁对着已有的纹路开始描绘，喇嘛说这种药汁是用很多佛教的圣物，根据古老的秘方配制，现已失传，很多药也很难找到。它的功用在于描到天珠上去以后，药汁顺着原在的纹路往里渗透，也就是说天珠纹路有多深，药汁就会渗透多深。这种采集天珠的方法，就是圆光术采珠法。

二、用取精法制造天珠

“取精法”是藏传佛教修持的另一种高级法门。当取精法修持成功时，天然天珠的矿石会自己从整个母体矿石之中剥离。这样开采出来的天珠和用圆光术开采出来天珠非常稀少。

这两则修秘取珠的方法，听起来是非常神奇。但至今没见过这种天珠。

三、雕刻工艺制珠

雕刻工艺是西藏原有的工艺，类似于宗教工艺的第一步做法。但现代雕刻工艺和传统的差别很大。本来天珠的挖掘是用圆光术和取精术开采出来的，但因为现代具有这种能力的人比较少，而且开采天珠的厂家比较多，现代人对天珠的认识又很有限。所以大部分都是不管矿体本身是否形成天珠雏形，就直接按照天珠大小模样依葫芦画瓢的切割后，再把天珠的形状打磨出来，然后雕刻上各种图案或经文就可以了。

四、镶蚀工艺制珠

镶蚀工艺制作的天珠。开采矿石，机器切割，打磨成形，化学药品强力腐蚀。

欣赏红花沁生成

第二节　天珠五型加工过程

一、古代天珠制作猜测

（一）老天珠制作之迷

科学推断古人制作天珠，是先将整颗玛瑙涂上可以染白的涂料，加热后通体转白（称为“白化”），再涂上可以形成黑色图案的染剂，进行第二次加热，才能成为今天所谓的老天珠。

其中的白化过程，另今人百思不得其解，因为白色染剂要在摄氏1300度的高温下才能熔蚀整颗玛瑙中。在如此高温下，玛瑙的结构会相当不稳定，除非在温度升降过程中做好控压处理，否则玛瑙极容易崩裂。

那么古代是怎样解决这道难关的？因为控压技术至今仍属很高端复杂的技术，西方也是在十七世纪工业革命以后才开始研究。请问一千多年前的人又如何能制造出来？

传说，记载天珠“白化”的技术是缘自浸泡在喜马拉雅山上神秘湖中水草汁液。到底是什么样的水草？至今也没有人找到。所以人们才对天珠是人工制造一说产生了怀疑。甚至学理工的人也相信老天珠是天赐之物。

（二）蚀刻玛瑙珠加工的各种说法

有人说蚀刻玛瑙珠的加工方法，是在珠子表面套上所需图案的模具，或贴上一种有图案的特殊纸型，可使图案以外的地方不被腐蚀，在珠子的表面喷上强碱（有的使用钾碱、铅、白碱、碳酸钠、碱式碳酸铅及洗用碱）对玛瑙进行浸蚀后，再以火烧烤，使珠子表面附着强碱处变成永不褪祛的白色。因使用强碱所含成分不同，烤制出的白色也不相同。

这种增白不仅仅是在表面上釉，而表层下面也变白，一直深到石头里面。有些天珠，变白的地方则明显突出。在折断的天珠里你会看到这种白色纹路渗透深浅基本一致，尽头相对整齐，没有石头中天然石筋的不规则自然渗透。用强碱绘出的图案可以刻出最简单、最常见的蚀刻玛瑙珠。用火适当烧烤时，就会在天然的石头底子上出现一个个白色的图案。

还有一种说法，天珠是经人工处理过的镶蚀玉髓，则以白色（铅化合物）的图案线条绘制而成。制造方法分赤珠（涂以氧化铁）与黑珠（密波蓝果实中摄取的染料）两种。同时渗进了各种药物，并以巫术咒语的图案造形符画于石材上制成天珠。

另一说法，是将碱水、白铅或洗涤碱，涂布在已打磨好的玛瑙上，先加热让整块玛瑙呈白化，再根据所需的图案纹路，抹上硝酸铜，然后再经加热，即形成天珠。可惜的是，无论是那一种制作方法，现在都已失传。

二、天珠型一至型五制法概说

天珠有型一、型二、型三、型四、型五等分类。但藏民并不承认此法，藏民认为不同地区不同年代及不同制法有不同差别而已。有人说天珠制法分型是源于根据狄克逊检验法，至今并没有发现有力证据说明，有人说天珠的五型分类是美国预言家珍妮•狄克逊的推测。现在看来狄克逊检验法与珍妮•狄克逊的推测都没有什么实际意义，重要的是我们能将五型分辨出来。

（一）型一天珠制法

型一天珠制作方法，简单说就是黑底画白线。是以碱水、白铅或洗涤碱等涂料，涂在未经处理的天然玛瑙白色线条上，一次加热即可。以深色者为佳常常是选用黑色或红色的玛瑙。许多美索不达米亚及印度古珠，寿珠即是以此法制成。

此种天珠不足之处，经过几百年以后，涂料会褪色会剥落。不像型二那样坚固不易剥落。

图07-1型一天珠

图07-2型一天珠

（二）型二天珠制法

型二天珠制作方法，因无具体实证，实际制作方法又已失传，当前并无百分之百确定无误的说法。目前比较科学的猜测是用碱水、白铅或洗涤碱涂在整块未经处理的天然玛瑙上，加热使之“白化”，再根据图案设计涂上磷酸铜，然后加热形成黑色的图案，再经特别抛光程序后便大功告成。据说，用这种方法制作的天珠，上千年颜色也不剥落，这就是人们说的至纯天珠。其品质好坏，取决于第一步的白化步骤。若白化得不够深入完全，天珠的品质与价值就会受到影响。

大部分型二制法天珠，虽然年代久远，现在依然可见其图案对比鲜明，这便是为何特别珍贵的缘故。许多好的型二天珠藏品很多落入欧美国家中，原因是近年来密宗在世界影响力日增，所以原本就不多的老天珠分散在全世界收藏家及博物馆中，因此难得一见，更显珍贵。

图07-3型二天珠

图07-4型二天珠

图07-5型二天珠

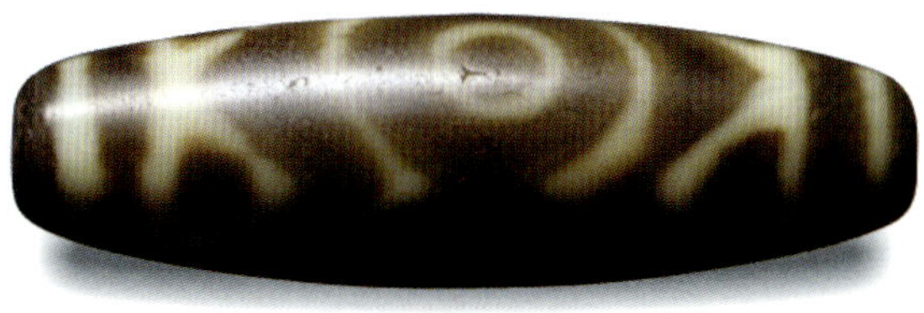

图07-6型二天珠

（三）型三天珠制法

型三天珠制作是白底画黑纹：是选取一颗打磨成珠型的天然玛瑙，涂上加热了之后可以形成黑色线条的一种涂料，然后再加热，其过程和型一天珠之制作方式相反。这种天珠在印度产量较多，据说，印度产的角形天珠，大多是属于型三制法天珠，它的年代颇为久远。

型三制法天珠，多选用深色玛瑙，是为适合涂白色线条图案。

图07-7型三天珠

（四）型四天珠制法

型四天珠制作是中间白化后画黑底：也等同于至纯天珠。其制作的方法是将白化玛瑙用的涂料涂在玛瑙中间部分，其两端保留不做任何处理。加热后使中间变成白色，然后在白色的部分涂上加热后形成黑色的涂料，再次加热。年代久远也不易退色。据说，大部分比较好的天珠，都是用这种方式做成的。用这种方式做成的天珠，在黑色与白色的部分不透光。而在末端添上涂料的两端部分是透光的。

有人分析，型四天珠的制作，主要是受到天然玛瑙原石的限制；这是因为玛瑙原石本身的美丽，工匠不想遮蔽它，让天珠更好彰显多样的花色变化。

图07-8 型四天珠

（五）型五天珠制法

型五天珠，也称线珠。制作方法是在天珠中间画上黑白线条，涂上碱性化合物、硝酸铜，两端不涂涂料，加热一次制成。这是一种求快速的做法。把“白化”涂料与产生黑色纹案的硝酸盐一起添上，然后加热，就可得到这种天珠。型五镶蚀玛瑙的天珠的色泽比较薄，容易剥落，品质是不如型四。

图07-9 型五天珠

（六）变种一天珠

变种一（第一类与第二类的结合）首先给珠子的一部分加白，其余部分不变白，黑色图案蚀刻在珠子变白的部分，叫做“生眼”。

（七）变种二天珠

变种二（第一类与第三类的结合）黑白相间的图案出现在同一颗珠子上，但不像变种（一）相互重叠，叫做“生形”。

型一蚀刻玛瑙珠有一个有趣的特征，即变白的部分和没有经过处理的部分呈现出明显的不同。因为这两部分所含的化学成分是不同的，结果使一些珠子上经过处理的地方发生部分脱落，使白色图案留下粗糙、经过凿刻过的表皮。由于型一珠子有这一特征，给对它们早期研究过的人给留下了“蚀刻”的玛瑙这一名称。所以至今一直认为，最早考古发现的这类图案是由人工蚀刻的，并添加一些其它物质。

老天珠业界一般对天珠只有划分为西藏天珠、印度天珠、巴基斯坦和两河流域出产的镶蚀玛瑙天珠及仿制老天珠加工上色的新玛瑙珠。所谓型一至型五，不过是研究天珠制作过程时，对上色及烧制程序先后所做的描述，与判断是否是老天珠并无关系。如何辨别老天珠，还是从实物上手较为直接，以眼见为准，触摸为实。

三、其它天珠

旁系或崩系：是指印度、尼泊尔、不丹等佛教圣地制作的天珠，还有比1300年前更早的型一、型二天珠。一般认为这个时期的技术最纯熟。但2000多年前部分质地油润的印度寿珠，及与其相类似玛瑙质地等的珠子，皆归类于崩系天珠，如黑白珠、足球珠、红黑玉髓线珠等，以与至纯天珠相区别。

第三节　火供法会烧制天珠

一、能满足人们的愿望天珠

有一种天珠是在火供法会上烧制的。这种天珠成型和灵性的引发都要经过特殊火供法会烧制过程才会得以体现和圆满。

在火供仪式中，把事先描绘好纹路的天珠，进行火供。火供过后一些宝物化为灰烬，唯有烧制的天珠在火堆中灵光闪闪、曜曜放光。这种天珠能赐于人们幸福安康，满足人们的愿望。

这样的天珠经过特殊的修法，使能量启动，就会具有息灾的能力。佩戴者如果能与天珠相合，会感觉到天珠不可思议的加持力，还可随着个人命运磁场的不同，天珠纹路也会发生相应的变化。所以收藏家千方百计通过各种渠道收藏这类天珠。

很多人以为凡是火供的天珠都具有灵力，这里说的是用圆光术或取精法采制，刚描绘好纹路的天珠，在火堆中灵光闪闪、曜曜放光的天珠。

火供法会烧制天珠，要看机遇、看缘分，不是人人都能如愿的。如果不是从母体中脱离出来的天珠绘上药汁在坛城里面进行火供时，药汁会根据天然的纹路进行渗透，这样的天珠火供结束后，整体图案会连成一片，根本无法辨认。

二、火供法会仪轨仪规

（一）息灾法火供

1、息灾法火供坛城

息灾法的坛城是四方形，颜色以白色为主。在出现瘟疫和战乱以及某人家里出现灾难的时候，一般都会请喇嘛活佛们去修法，如果事情比较严重又急于解决，则举行息灾法的火供。法会开始会专门的事业使者（小喇嘛），在地上用白色的颜料掺上各种佛教的加持品画出一个坛城的平面图。依据图样，上面再用松柏枝叶和檀香等搭建一个立体坛城。

2、息灾法火供供品

息灾法火供，只能放宝瓶天珠、一眼天珠、四眼天珠等天然具有息灾缘起的天珠在里面火供。

火供过后七宝等物俱化灰烬，唯有真正的天珠在火堆中灵光闪闪、曜曜放光。从此一颗能赐于人们幸福安康，满足人们一切愿望的宝珠诞生了。这样的天珠再经过特殊的修法启动能量场后，就具有息灾能力。

（二）增益法火供

可使心中希冀之事，如寿命、财富、受用、福慧等圆满如愿，可积修无量无尽福德资粮。消除众生贫穷的痛苦，并能得到一切财物的加持。

（三）怀柔法火供

1、怀柔法火供坛城

怀柔法的坛城是半月形的，主修的颜色是红色。

2、怀柔法火供供品

当修怀柔火供到极具加持力的时候，把具有怀柔缘起的天珠（如五眼天珠和莲花天珠等）放进坛城中进行火供，就可为这些天珠注入不可思议的怀柔功德加持力。

3、怀柔法火供供品功德

佩戴怀柔法火供天珠在身能左右逢源、八面玲珑，是兴家创业的得力宝物。

对于人缘不好或人气不旺的人，要想改变现状，能请上师活佛修怀柔法的火供便是莫大 的福报。

（四）诛法火供

1、诛法火供坛城

诛法火供，首先建立一个黑色的三角形坛城，堆上各种三角形的垛玛等加持物品。

2、诛法火供供品

把具有谴除和解决各种困境缘起的天珠（三眼天珠和法器天珠等）放进坛城中央进行火供，而火供过后，这样的天珠是不容易得到的，由于这种力量的特殊性，一般上师活佛们会把这些天珠收起来，用于其它这类法事上，作为施法的圣物。

3、诛法火供功德

诛法坛城是为了破除小人的伤害和各种事业的困境，获得绝地逢生并反败为胜而建立的。

三、火供天珠功德利益

（一）火供的仪式

火供是以火焚烧象征吉祥木蝴蝶的红柳树枝、然巴草根、青稞、小麦、大米、油菜籽等13种，39碗五谷杂粮的一种宗教仪式。

火供一般分为四种祭祀祈祷，不同的火供穿着不同，祈祷和平穿着白色、祈祷发达穿着黄色、祈祷权力穿着红色、祈祷平息战争穿着黑色。

藏传佛教密宗火供以燃烧供品的方式供养给本尊。火供时，将炉坛观想为佛或护法神所住的宫殿及坛城，外在是火的形象，但内在分别为佛、护法神及他们的眷属。所有的供品，如五谷杂粮、油、金银等等，都分别像征贪、瞋、痴、嫉妒、傲慢及不同的业力。供品经过佛法加持转换成殊胜无量，成就息、增、怀、诛，分别达到消除业障，增长福德、智能、长寿，怀柔冤亲敌害、烦恼，诛灭贪、瞋、痴、无明、恶魔、外障（烦恼魔、蕴魔、天子魔、死魔）。

（二）火供的功德

佛经说：火供是成就一切现前和究竟的最殊胜绝妙方法。

火供可使国家繁荣昌盛、百姓安居乐业、天下太平、兴市富民、风调雨顺、各行各业日益兴隆。

息火供：息灾，消除疾病魔障等八难，即八种怖罚，包含超渡冤亲债主历代之灵及祖先。得到佛果成就。可得东方佛金刚萨埵及所有息本尊之报身佛成就果位。

增火供：增益，增长福寿、财富；

怀火供：怀爱，为招聚人及财富；勾召福慧，消除所知、烦恼二障。

诛火供：降伏，镇压邪魔、怨敌。断我执，除四魔，以忿怒的智能来打、破、杀二障、四魔，可以即世成佛。

（三）火供过的天珠不易佩戴

火供后的福物，要埋在高山，或者包好沉入水底。不可当做佩戴之物。火供过的天珠如果不是灵光闪烁、鲜亮照人，就不可当做饰物佩戴。

大多火供天珠纹线多呈灰白色。因为入火时间长短的关系，会引起周身小裂纹、大裂纹，甚至整个珠体都皱巴巴，延展到孔道侧甚至全珠体皱巴巴会有明显和大的裂纹。

水气印欣赏

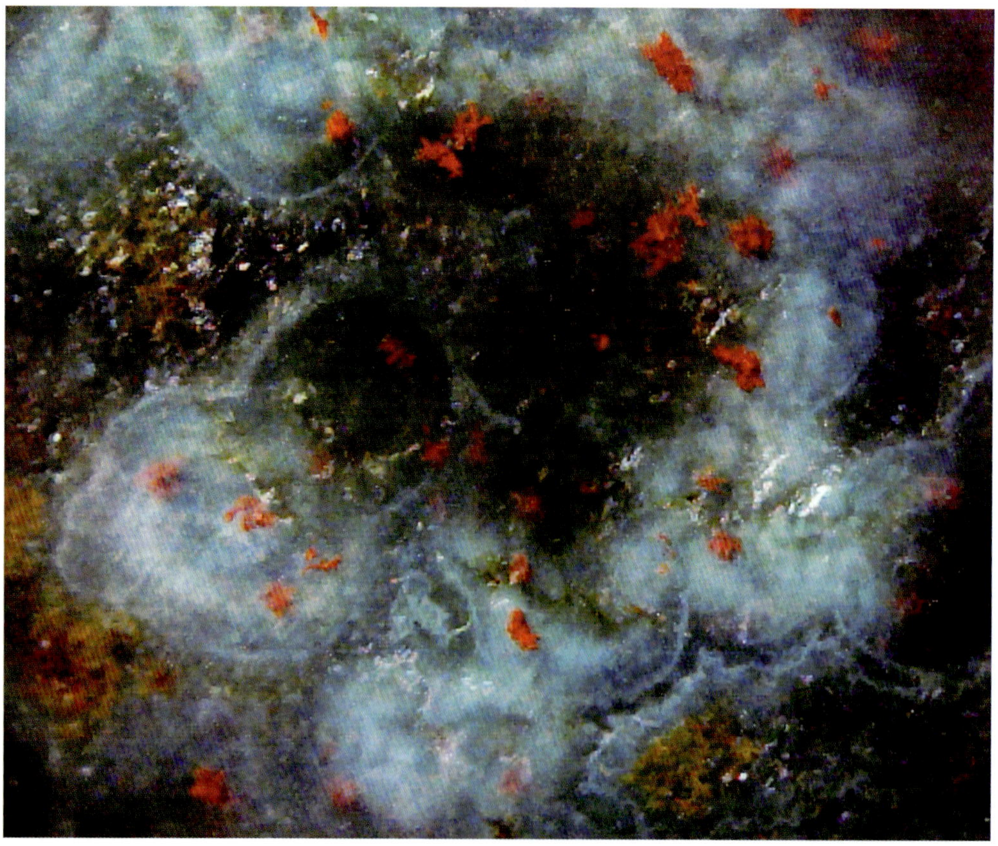

第四节　新天珠制作流程

许多台商在大陆设厂，从巴西、乌拉圭进口灰白玛瑙后，会先用刀片划出可切割的部分作为天珠材料。

工人利用美工刀划出天珠上的纹路，再浸在化学药剂里。浸泡过化学药剂的玛瑙，须高温加热才会变色，必须不断以手电筒照射探视烧烤情况。

染剂经过高温，让原本灰白色的玛瑙呈现黑色，用刀片划过的线条，则维持白色，几千颗的天珠就完成了。

据透露，因为工资考量，玛瑙染色、加工都在中国大陆处理，据说，中国最大的玛瑙加工地在厦门东孚镇，在那里发现许多天珠玛瑙制品，都是加工染色再销回台湾。玛瑙村内约五公里的街上，户户都是玛瑙工厂，从裁切、烘烤到染色都有，是玛瑙饰品重要的集散地。一位姓张老板说："制造天珠的红、黑玉髓，都是由巴西、乌拉圭的白玛瑙染成的，先打磨、刨光，然后浸泡硝酸后用清水洗净，再一次烘烤，就浸泡在红、黑、绿不同颜料桶内，几小时就完工了，每个成本只要人民币几毛钱。"

新天珠的制造过程

1、用玛瑙原石，大多数以外表分类。

2、切割玛瑙原料，然后挑比较透明的位置，原因是加工上色时透明的玛瑙比较容易"食色"，不会太混浊。

3、用铅笔画出使用的部分，待切割。

4、用机械切割玛瑙原料成不同的形状。

5、加工过程中，有很多不尽人意的玛瑙原料被筛选，切割后废弃于工厂地上。

6、用机械把玛瑙打孔，方便日后佩戴。

7、然后再把玛瑙用化学品浸泡——再高温加热——保温。

8、烧完后放入水盆中磨，目的是使天珠的表面光滑。

新天珠阶段盛行了火供礼仪，火供与否也成为鉴别天珠的一个标准。信众认为火供过的天珠有了息、增、怀、殊的功能值得佩戴。但火供过头，表面用火烧得皱皱巴巴，一点都不美观。这样的天珠多是功力不够，能量一般了，不宜佩戴。真正火供仪式制作的天珠不属于此类，不能混淆。

据说新天珠为了追古，将制好天珠放到微波炉里加热，模仿火供效果。结果适得其反，稍微有点经验的人一眼就看出来是人为的。还不如将这枚天珠好好珍藏百年后依然可称得上老珠。

其实以火供与否来鉴别天珠新老程度是一种误导。火供仪式最好是本人在场，亲眼目睹火供的全部过程，因为你寄予了天珠火供时息、增、怀、殊的功能，而四种功能也不是同时具有的。

这才是真正的火供。一经火供仪式的天珠会终身伴随着你，不会转让给别人的，因为在火供时还要有一些仪规还要供养上师、供养佛。

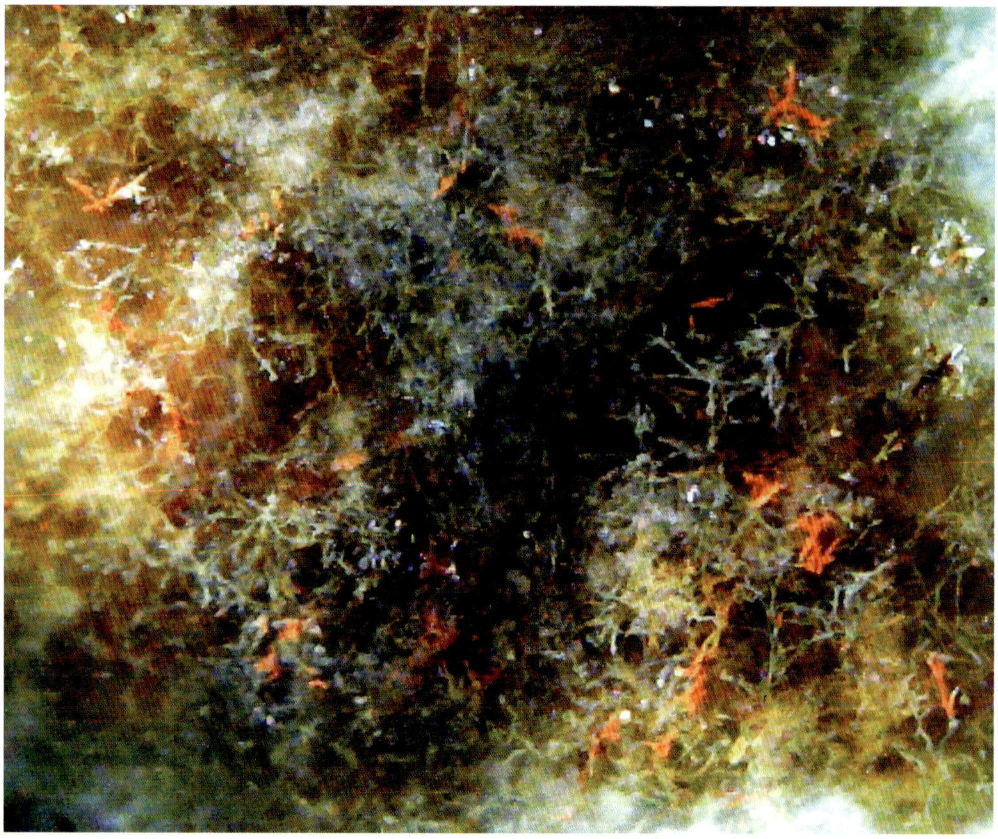

水银沁上的红花沁欣赏

第八章

天珠断代

天珠文化传奇，是来源于天珠内部奇丽景观的无穷变幻；来源于那些楚楚动人、美妙迷漓、诡秘神奇的渊玄故事；来源于世世代代人们将天珠做为传世之宝，佩戴、供奉、尊崇与敬仰。

——编 者

第一节　沁

天珠年代的鉴别，无须用华丽词汇宣染、美化，关键要看天珠内部结构彰显年代的沁色。只有沁色，才是鉴别天珠年代、品相、价值的最有力依据。

一、神秘的沁色

真正至尊天珠珠体内部会有神秘变幻的多种沁色。现代科学能解释沁色生成的原因，却不能诠释沁色生成的过程。天珠界说，那是累世高僧大德对天珠的加持、珍爱、盘摩的结果。

天珠爱好者、收藏家都盼望有一种官方和收藏家认可的天珠鉴定标准。但现有的科学手段做这样的鉴定还是有一定难度的。就像为三代、战汉古玉断代一样，依然是凭借经验与积累的古玉知识，除此之外别无他法。

天珠的新老识别也是如此，众所周知，有沁的天珠年代久远。因为任何一种沁色的生成，都得需要千年以上。如果一颗品相很好的天珠，里面却没有沁，那么它就不会有非凡的经历，也不会有千年以上的历史。至尊老天珠有多种沁色，而每一种沁的产生，都标志天珠所经过的历程，每一个历程的沁色都彰显着所经历过的年代痕迹。

在文物中，天珠属于小物件大收藏品类，可天珠能持久随身携带，日日盘摩把玩。天珠坚硬润泽的品质，能几百年几千年的伴随着佩戴者。积存世代佩戴者的祝愿。随时会为对其天珠呵护有加的人绽放异彩。

二、极品天珠为至尊

天降石老天珠目前只是一个代名词。因为相关部门没有出具证明是什么材质，将其归纳为玛瑙类，持有者不认可。所以借用天降石老天珠一词代替，其意就是有多种沁色的天珠。天珠不像古玉，每一块古玉都是因为有出土的墓志才知其存留年代，天珠至今还没见几则出土天珠的证据。所以只能借鉴古玉知识来评定天珠。这是科学的嫁接，当以古玉中的沁来认识天珠时，我们的视野就开阔了。

至尊老天珠内部，有着各种颜色的沁，有红花沁、黄花沁、水沁、须根沁、水银沁等，每种沁都在不停的变化着。每种沁都充分彰显着生成的年代，每一种沁色都记录着天珠的不同经历。其它材质的天珠很少有沁色出现。这是天降石天珠材质与其它天珠材质截然不同之处。

三、沁色形成现象

几乎相当长的一段时间里，天珠爱好者不看沁，不谈沁，更不知天珠中的沁才是识别天珠年代的秘诀。其原因是谈天珠沁的理论太少，见过实物的人不多，出版书籍也没有关于沁的知识。因为只有2000年以上的老天珠才能出现沁，而这种老天珠不是人人都能看得到的。只能将研究重点放在对朱砂点、风化纹的争执上。

科学说泌，是指一种物质渗入到另一种物质的渗透现象。许多物质，在一定条件下，都可以渗入到天珠里面。当渗入的物质与天珠材质发生化学反应时，就会生成另一种物质，生成新物质是以五彩斑斓的沁色表现出来的。

渗入天珠中的物质有土壤、泥垢、水银、朱砂、松香、血污、颜料以及其它有色汁液。渗入程度的大小与土壤、气候、压力、温度等条件有关。不同物质渗入珠体，就会出现不同颜色。这些沁色一般都由外向里浸入，当沁色沉积在珠体里几百年、几千年后，浸入的沁与珠体内部物质发生了分离和聚集等各种反应，生成一种新的沁色，这沁色有层次感、灵动感、通透感和神秘感，看上去很自然，也很奇妙。像五彩缤纷的海底世界，更像璀璨的宇宙星空。当你看到了这样的天珠，有了这种感觉的时候，毫无疑问，这颗天珠就是有着悠久历史的至尊老天珠。

四、凹陷形成现象

当渗入或者接触的物质，与天珠的材质成分会发生化学反应时，会形成一种新的物质，这种物质容易脱离珠体，使天珠发生缺损，这种情况叫做侵蚀或腐蚀。重金属或重金属盐渗入天珠里面，就可能使渗入集中的地方产生凹陷。就是这种凹陷现象向你展示了年代，凹陷现象浅要300年左右，凹陷现象深要800年左右，深浅的鉴别要凭经验和知识来断定。

化学反应说的观点虽然人人都能接受，但这种说法是不能准确无误地给天珠断代。断代是要依赖天珠的沁色种类来识别天珠生成年代及所经历的历程。天珠不像陶瓷和玉器，不可能从落款和器型来鉴别真伪。天珠断代唯一的方法就是看沁色。天珠出现沁色，就需要千年以上。

至纯天珠内部很少有沁色出现，一但有沁色出现则能说明它的历史久远，品质上乘。

任何器物的收藏都以老、真为主，天珠更是如此，但天珠与其它不同之处在于老得要有品味，老得不能枯朽。因为每颗天珠的图腾都有一定寓意，每颗天珠的显现都有一定传承。如果天珠出现意外那就是葬送在不敬之子之手，那就好好将它“安葬”吧。

第二节　水银沁识别

一、水银沁是天珠断代的依据

理论研究认为：天珠表面常有活性大或者酸碱性大的物质侵入，水银则是借助这些物质穿透表皮进入珠体内部。这种现象出现需要适合的条件，至少300年以上的时间方可显现。水银穿透表皮进入珠体内部的现象是很难观察到的，因为我们没有办法看到水银穿透表皮进入珠体内部的全过程。而得出这样的结论，是先哲们从大量出土古玉实物中精心研究得来的宝贵经验。这一经验给天珠断代提供了有力的依据。以此为天珠断代准则，不可心存疑惑，因为这一经验已经流传、验证了几个朝代，几个世纪。

水银沁是天珠断代的重要依据，因为它变化多端，而每一个变化都记录着受沁的年代与原因。但天珠并不喜欢有水银沁出现，因为它能使珠体发生破坏性的变化。天珠出现水银沁，会使朱砂变色，舍利红花暗淡，使珠体的筋脉紊乱，磁场改变。

天珠水银沁大多是从空气中传播，这种传播方式让人无法避免。只有将珠体保存完好，没有磕碰伤痕，水银才很难入浸。

过去一直认为，水银沁的水银是来自殓葬或土壤中。而且对来自殓葬的说法一直在争论，有人提出藏人葬俗与汉人不同，不会占染殓葬水银。有人解释说唐以前藏人也是土葬，以此来证明天珠中的水银沁显示年代非常久远。其中主要原因却忽略了，水银是以元素状态在水中、土壤、大气和生物圈中迁移和转化。以很复杂的过程循环着，时而以颗粒状迁移；时而与干湿物结合而沉降；时而与火山挥发进入大气；时而入水沉积在污泥中；时而在细菌作用下生成甲基汞进入生物体，在生物体内累积等等现象。水银的传播几乎无法防范。水银是常温下唯一以液态存在的重金属，是在生态系统中循环的典型。水银不溶于酸也不溶于碱，在常温下即可蒸发。是以气态随大气循环参与全球迁移的重金属元素，可以随大气进行长距离传输与沉降，造成偏远地区的水银污染。而天珠中的玉质特性是水银最喜欢的附着物，水银浸入天珠自然顺理成章。

二、水银沁的表现形式

水银沁在天珠中存在的形式超过百种。形状有点、线、枝、片、斑、绺的差异，颜色有黑、褐、棕、黄等区别。

水银沁最宜在天珠坑洼破损处寄宿，随着年代的积累，颜色的深浅也随之变化。

古代的玉界研究者对水银浸入玉里有相当独到见解，认为1000年以内的水银沁不黑；2000年以内的水银沁不亮；2000年以上的水银沁则又黑、又亮、又厚。这是古玉界以水银沁作为断代的标准提示。天珠水银沁断代借鉴了这一理论，也就是说天珠研究者对水银沁的认识不是“固执已见而不知变通”，因为天珠中又黑、又亮、又厚的水银沁是寄宿在天珠破损之处，而天珠破损的时间，有时是几十年形成、有时是几百年甚者上千年的形成。仔细观察，除了几月内发生破损仍见材质刚刚破损的白色石茬外，其它的破损都是又黑又亮又厚，这样就很难以此断代。

（一）水银沁易在破损处生存

◎下图圆圈内的水银沁是在天珠破损处生存，虽黑但年代并不久远，切记，不可作为是千年以上断代依据。

◎一定要仔细看图：红箭头的黑色水银沁，是堆聚在天珠破损处的。下图三是又黑又亮又厚的水银沁。此珠至少在两千年以前受过水银的浸染，上面还能见红花沁。

◎请细看，多处黑色水银沁都是积存在天珠破损处，这种沁可作为断代依据。

(8-2-1)

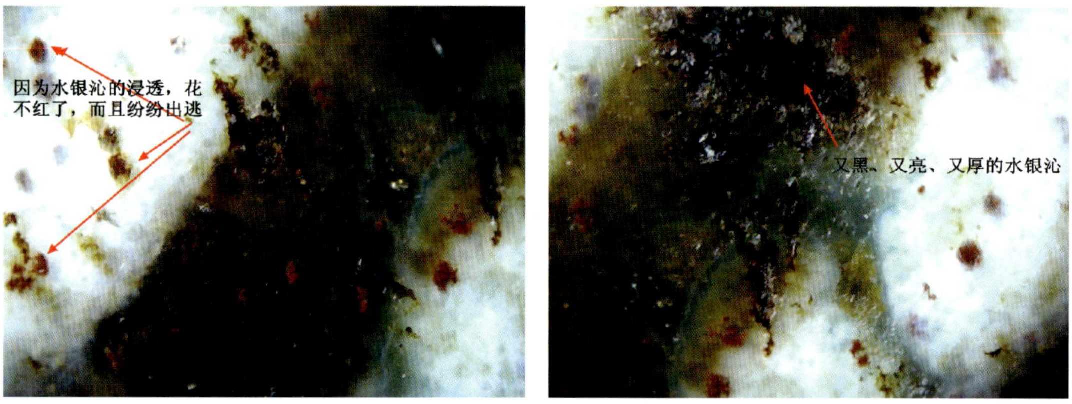

◎很多人不仔细看图说明，这是不应该的。要识别水银沁必须要下功夫，即多学习理论知识，多积累实践经验，多看实物，多聆听有经验专家指点。

◎这些经典当然就是秘诀，要记住，有些称为秘诀的东西可不是一看就会，就能掌握。因为水银沁的观察没有实物很难了解。

◎记住，300年内活性大的或者酸碱性大的物质，能够穿透玉皮，进入玉理，其它物质只能附在表面。这个理论同样适用于天珠沁色的鉴定。因为300年内制作的天珠还没有发现沁。接着以下的沁色断代就顺理成章了。

那么500年之内，一般物质可以透过玉器表层的理论，让天珠得以验证，因为天珠中形成雾状，或进入纹绺的水银沁，都一一体现在近似500年的天珠上。

（二）絮状与鬏绺水银沁

絮状与鬏绺水银沁多是天珠在土埋过程中，受土地内水银浸染而形成，因温度变化使水银雾化。这种水银沁在天珠中出现最少要500年以上。

(8-2-2)

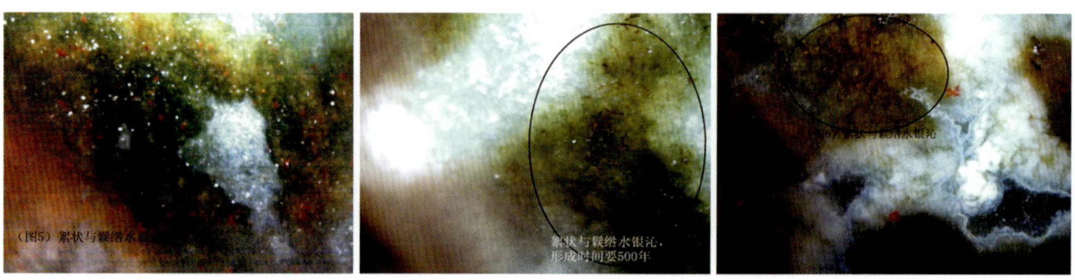

◎上图为絮状与鬏绺水银沁，但在绿铜沁的边缘处有斑块水银在形成，那么这颗天珠的水银浸入年代比单一絮状与鬏绺水银沁要复杂。

◎这一断代方法只是证明有这样的絮状与鬏绺水银沁的天珠至少有存世500年的历史。不能说此珠是500年的物件。只是为说明了在距今500年时，此天珠发生了水银浸珠的现象。

◎这种现象必须用实例图片来说明，而在天珠中寻找这种图片也不是颗颗都具备。

水银在珠体内部形成雾状，或者有鬏绺出现时，至少需要500年的时间，这种现象称为“雾状水银沁”、“鬏绺状水银沁”。

(8-2-3)

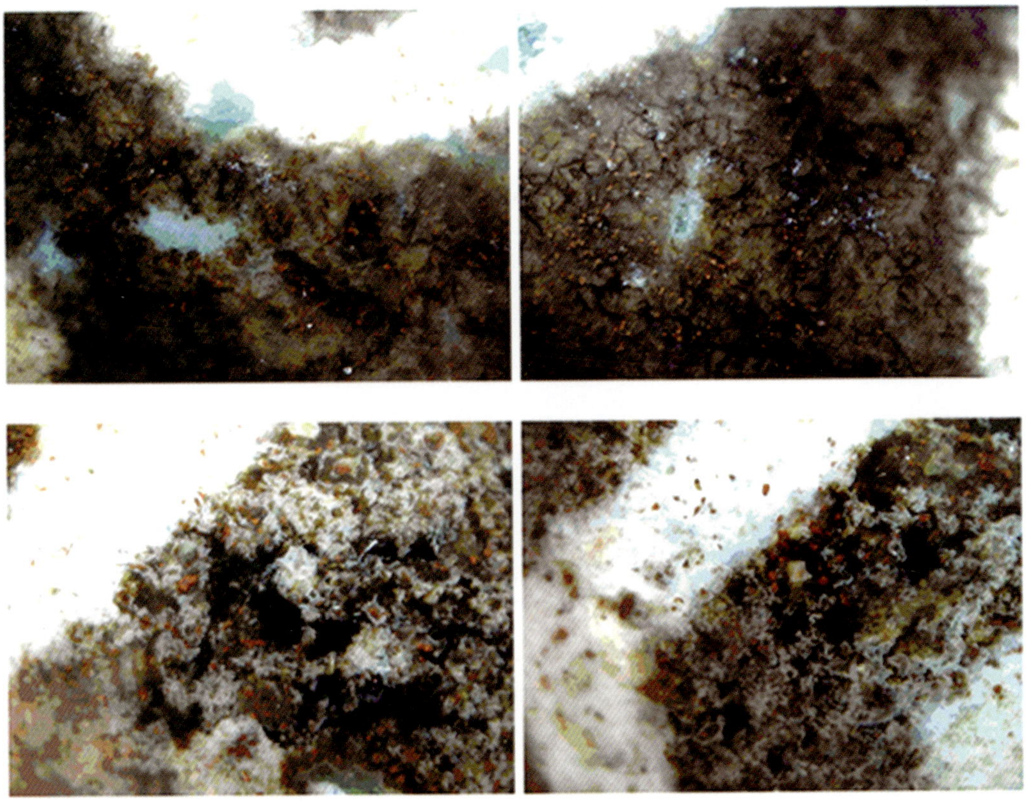

◎上图有几种水银沁出现，有雾状水银沁、有鬏绺状水银沁，还有斑块状水银沁。从沁中能看出此珠受水银浸染严重，一层一层受水银浸染，先是雾状水银铺底，然后在雾状水银沁的基础上长出牛毛纹状的水银沁。

◎水银可以在天珠上形成殷红或灰黑色斑点，或者形成有规律的条状或根状灰黑色纹饰，如牛毛纹。

◎上图能看出成斑块状水银沁的颜色很重、很黑，同时还看到殷红的斑点，这颗天珠受水银沁的时间至少在1000年左右。

◎当水银在珠体上形成殷红或灰黑色斑点时，或者形成有规律的灰黑色条状或根状纹饰时，这得需要1000年左右的时间。

（三）牛毛状水银沁

牛毛状水银沁是由水银、铅锌等物质沁成线状，顺着某一个方向排列。如果有漂亮的牛毛状水银沁说明天珠材质紧密，需要800年以上方可显现。

(8-2-4)

（四）圆形斑块水银沁

圆形斑块水银沁形成过程比较复杂，是先在水气泡的基础上浸入绿铜沁后，水银沁才能趁机而入。水气泡的形成有两种情况，一是材质成珠前就带有水气泡，一是成珠后受到骤冷骤热变化而生成的水气泡。不管哪种情况前后两种现象都说明此天珠够品，要珍惜。一旦形成圆形斑块水银沁，水银对天珠沁色会有破坏作用。使珠体的沁色暗淡，磁场能量紊乱，从美学角度审视也失去了价值。唯一对研究者有力的是能从圆形斑块水银沁分析出，此珠至少在世1300年以上。

◎一般情况，斑块沁色需要200年以上；斑块水沁需要400年；斑块土沁需要700年；斑块水银沁至少需要1300年。

(8-2-5)

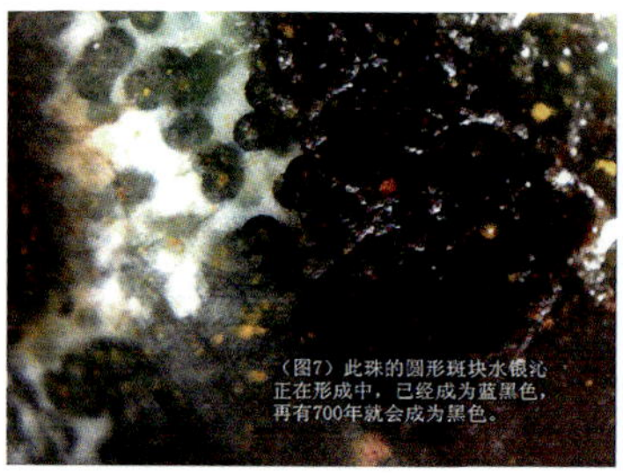

①此珠圆形黑色斑块水银沁正在形成中，已经成为蓝黑色，再有700年就成为黑色了。

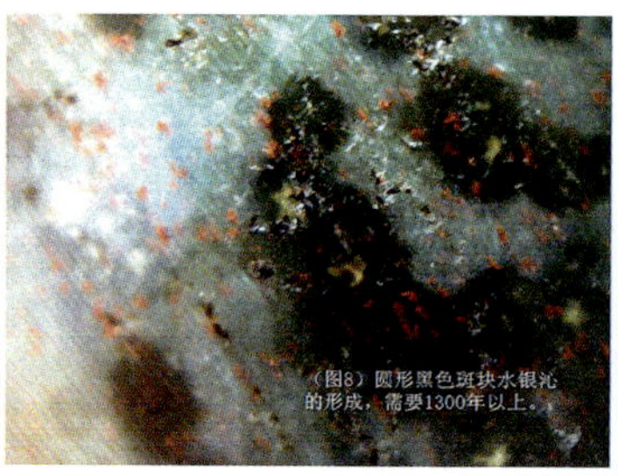

②圆形黑色斑块水银沁的形成，需要1300年以上。

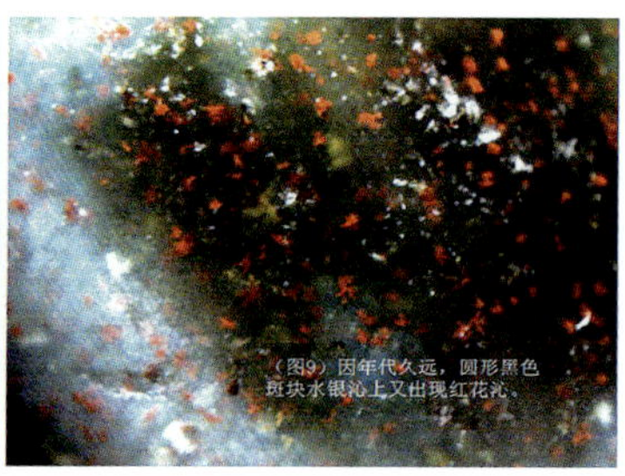

③因年代久远，圆形黑色斑块水银沁上又出现红花沁。

(8-2-6)

(8-2-8)

枝柳状水银沁

（五）枝条状水银沁

枝条状水银沁多生在质地坚硬，材质细密的天珠上。生存环境常有绿苔沁伴随，黑枝、黑叶、黑结节很是庄重。虽为水银泌，却给此珠增加别样景观。可观赏、可珍藏。枝条状水银沁的形成须时间久远，环境静寂，因为出现这样的奇景，要有1800年的时间“修炼”。

(8-2-7)

（六）大片斑状水银沁

大片斑状水银沁，是水银随天珠内部脉络结构侵入珠体，形成大片斑状黑色水银沁。这种水银沁与寄宿在破损处的水银沁相比，虽颜色深浅度几近相似，同样是又黑、又亮、又厚的颜色，但断代标准则不一样。应以大片斑状水银沁为准。

此珠是2000年前，水银沁覆盖了须根沁，后经300年须根沁又从水银沁中生出枝条，部分枝条变为红花枝叶。

这样的水银沁要2000年以上的时间才能形成。

(8-2-9)

从这张椭圆图中能清晰看到，水银沁是从须根沁中生出来的。舍利红花是从须根沁中生出来的，舍利红花一旦圆满成形，就要脱离母体。舍利红花沁的生成时间，要看加持与盘摩的功力，要心无旁骛专心专意方可出现奇观。

（七）水银沁上的红花沁

在水银沁上出现红花，有两点值得探讨，一是红花沁出现的时间晚于水银沁，一是红花沁是游走性格，喜欢游山玩水，喜欢冒险。因为从很多实例观察，有水银沁的地方多没有红花沁，或者红花沁远离水银沁。显然红花沁生成年代晚于水银沁是证据不足。

◎能出现浮游在水银沁上的舍利红花，说明水银沁生成的时间久远。对舍利红花已经不起伤害作用，但年代不够久远的朱砂红花沁则远离水银沁另择栖息之处。

(8-2-10)

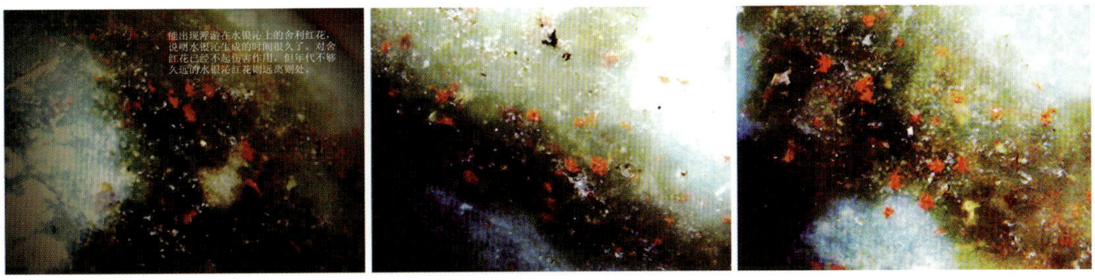

(8-2-11)

◎舍利红花是从须根沁中生出，成形后就会脱离母体。

天珠界对水银沁的认识，目前还只是初级阶段，可以说，从本书开始才有天珠水银沁的说法，至于今后怎样称呼其名，还不是现在研究的课题。

水银沁是天珠断代的一个即重要又明显的特征，同时还为研究者提供了天珠在请养佩戴过程中对此珠珍爱、呵护、关心的程度。但水银沁却影响着天珠的美观，破坏了天珠其它沁色的生成。要珍爱天珠。历史原因造成天珠水银沁的生成，我们无法改变，但不要人为的让天珠有水银沁出现。

须根沁欣赏

第三节　朱砂沁识别

一、朱砂沁是衡量天珠品质的依据

天珠朱砂沁的形成有两种，一是极小的朱砂分子以及小于分子的质子、离子，在某种适宜的条件下，进入天珠体内部，我们称朱砂沁。一是人为的将朱砂撒在天珠上，我们称人为朱砂或人为朱砂沁。

人为朱砂沁则分两类，一是无意人为，一是有意人为。无意人为是主人为保护珠宝玉器及天珠等撒上朱砂以保证珠宝的洁净，不沾邪气。有意人为是发现天珠市场上有朱砂的天珠销售走俏而仿造。

人为朱砂红色者多，兼有粉红色、褐色、深褐色。其特点是由外向里浸入珠体，开始是成堆、片的状态，年代久了开始分化。分化后则会成为朵状朱砂红花，这种红花与舍利红花的花型完全不一样，朵状朱砂红花边缘比较整齐，没有活性齿状叶片重叠，没有分枝搭建的过程，更没有舍利红花的能量。

无意人为朱砂经300年后会渐渐浸入珠体内部，外面看不到朱砂痕迹。有意人为300年以内的在珠体表皮则能见到朱砂痕迹，刮之不去，是因为热处理过。

实物证明，只有2000至3000年至尊老天珠才能出现这样的奇观，才能出现由七、八片齿状叶片组成的红花或黄色花朵。这是个神奇的幻化过程，是一种灵动的组合。只有这样的天珠才会出现各种五颜六色，丰富多彩的沁色，只有这样的天珠才能称得上“国宝精品”。

二、有意人为朱砂特征

有意人为的朱砂多呈堆状，珠体表面有明显的朱砂。这种现象多是覆盖在珠体上的朱砂，经过热处理后的痕迹，一部分浸入内部，一部分留在外边。如果珠体外面有朱砂痕迹，内部有堆状朱砂，这种天珠有朱砂沁的时间只有几年或几十年。

(8-3-1)

(8-3-2)

(8-3-3)

有意人为朱砂沁是成堆、片状。虽然颜色好看，但没有舍利红花磁场能量。

(8-3-4)

(8-3-5)

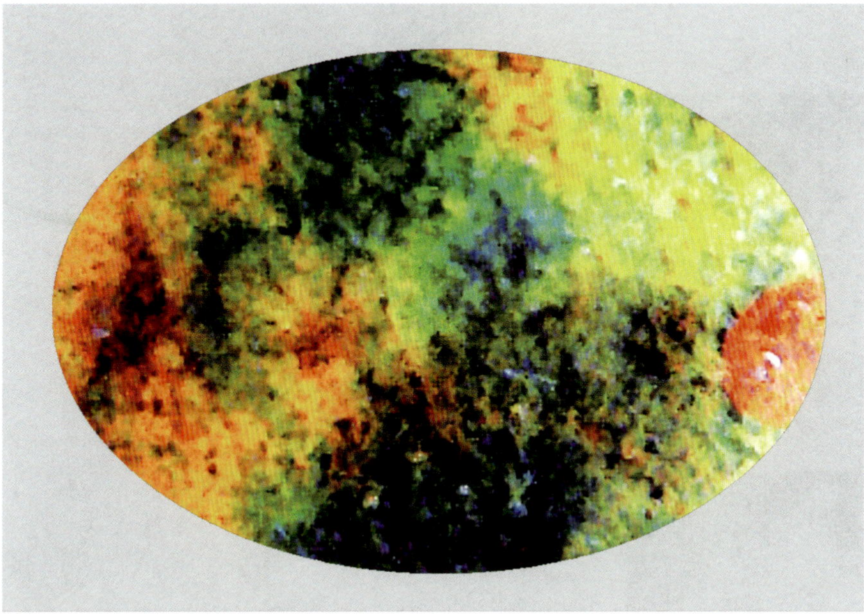

有意人为的朱砂浸入珠体内部，需要300年以内的时间，此时珠体还有朱砂痕迹。成堆状还没有出现分化现象。

(8-3-6)

从上图能看到，惰性朱砂沁开始分化，从朱砂堆里挣脱出来，形成似红花样的花朵。

目前市场和收藏界普遍流行的大量朱砂沁仿品，有几种类型：

1、天珠上覆盖泥土，泥土之上再涂抹朱砂。

2、人工做色的特点是红色肤浅，无层次感。

天珠中朱砂沁，不可能孤立单一的只存在一种沁色和沁状，或多或少都伴有其它沁色。大多伴有其它物质入侵，氧化后侵蚀在天珠上所出现的沁色会千奇百异，丰富多彩。所以，即使在一颗天珠上的朱砂沁，也不可能只有朱砂沁单一的存在。

三、无意人为朱砂特征

天珠封藏时，多在上面铺盖朱砂来保护。时间久了，朱砂会浸入珠体内部，刚浸入的朱砂多是坨状、朵状。朱砂由外浸入内部形成坨状的时间约600年以上。

（8-3-7）

（8-3-8）

（8-3-9）

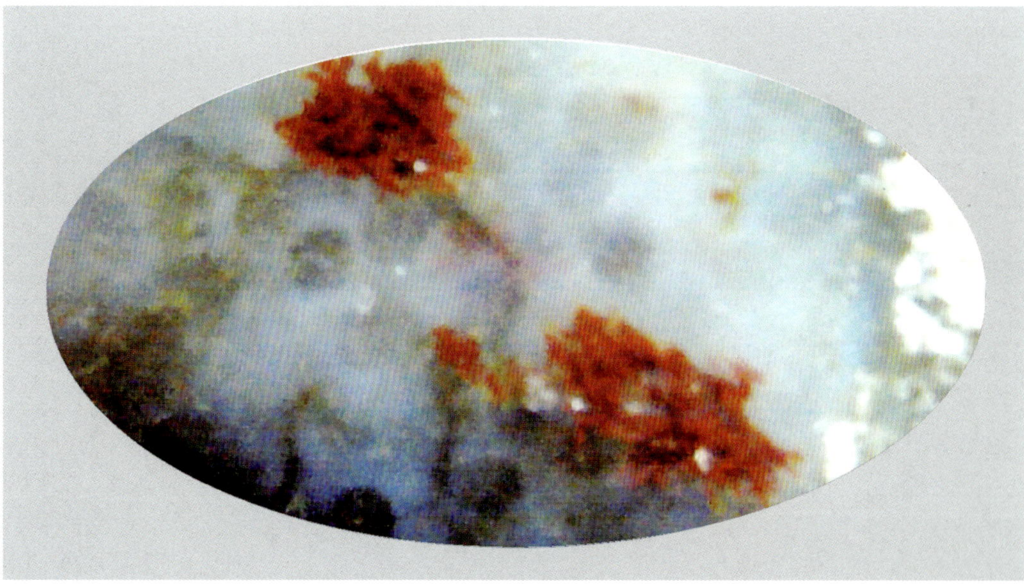

朱砂沁成朵状时，是无意人为的朱砂沁就要超过了千年以上。

沁色有一定的规律，西北地区土燥，出土的天珠土沁较重，多为黄色。南方地区土湿，出土的天珠水沁较重，多为白色。天珠出沁后，不仅颜色有了改变，其身价也得到了提高。一般以血沁为贵，铜沁次之，土沁和水银沁再次。如能得五色沁，则最为昂贵，有“珠得五色沁，价值超万金”的说法。

（8-3-10）

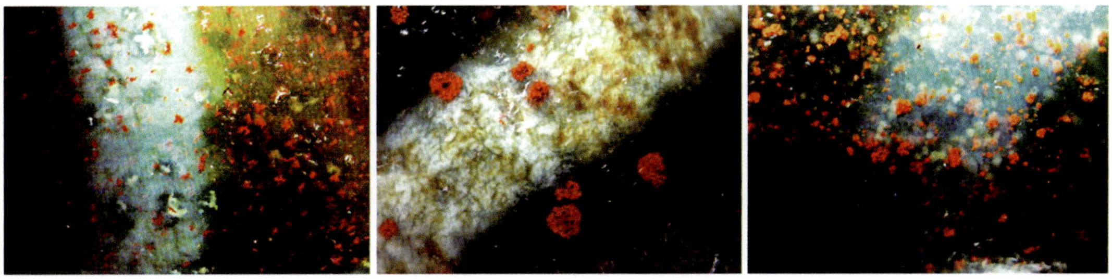

（8-3-11）

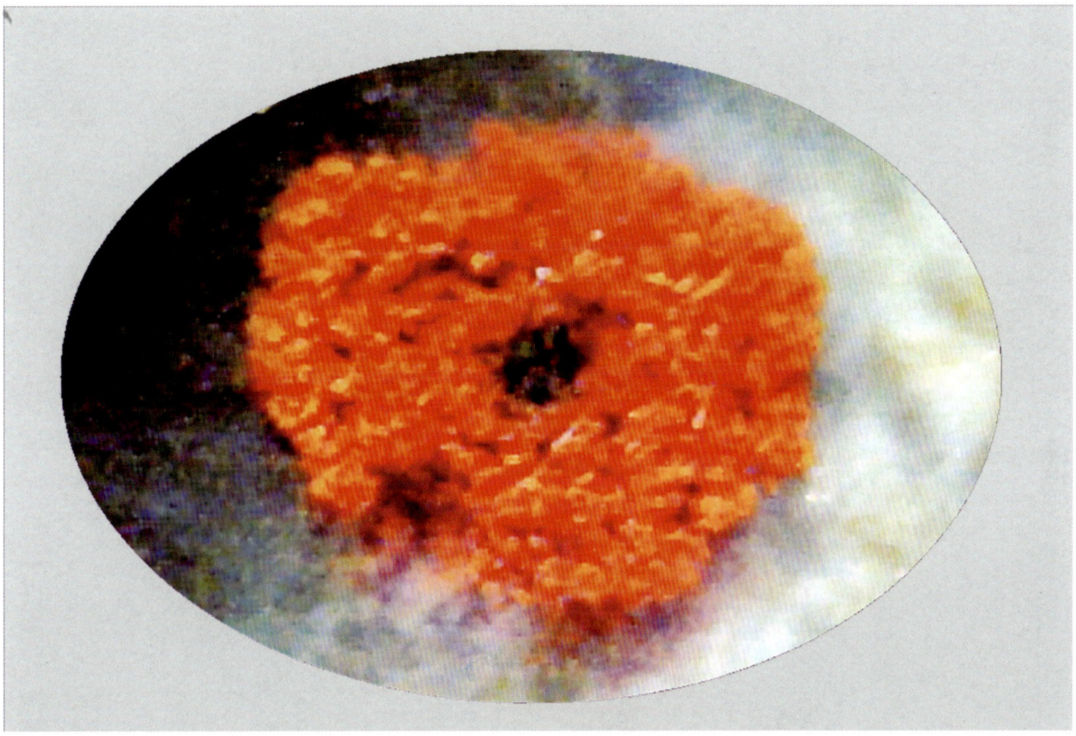

这朵惰性朱砂红花，已经聚集了很强的能量。科学解释，已经由抗磁性物质变为顺磁性物质。下图红花看似像活性红花，实际还是惰性朱砂变化的。

（8-3-12）无意人为的朵状朱砂红花

（8-3-13）

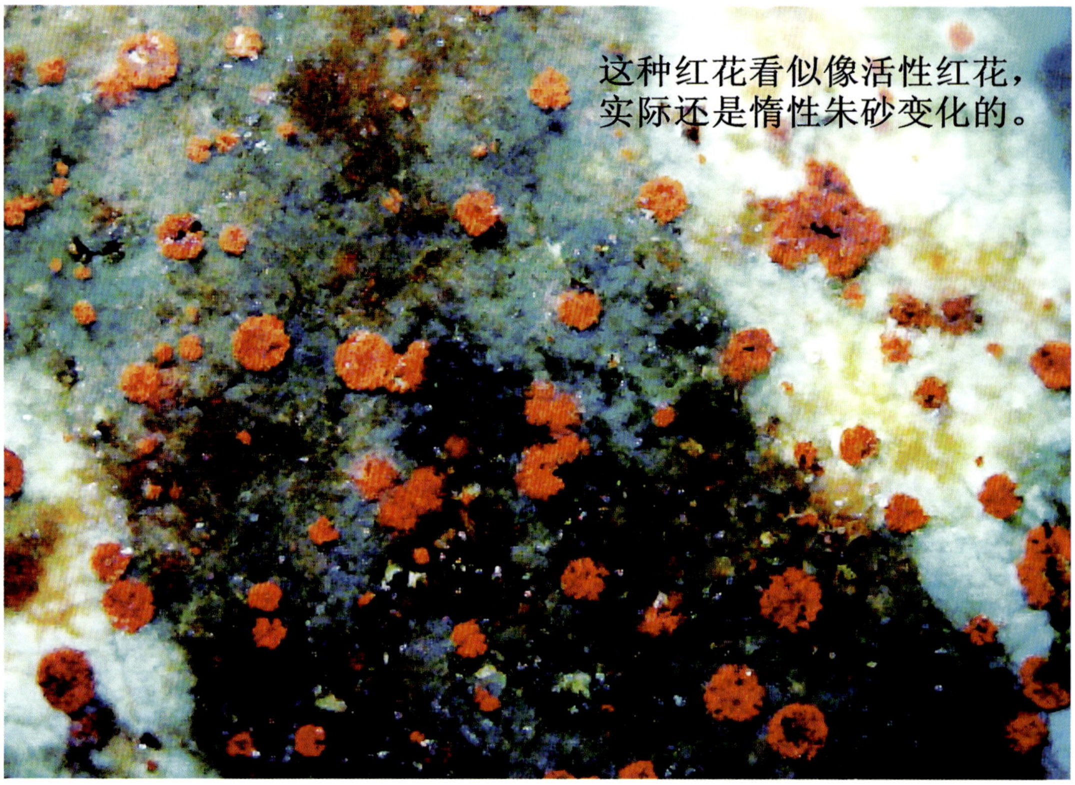

（8-3-14）

当人为朱砂沁分化为朵状朱砂红花沁时（请注意这时对朱砂沁的称呼多了几个字），此时朵状朱砂红花沁的磁场也发生了变化，由抗磁性物质转为顺磁性物质，这种物质对人体有宜。所以人们都喜欢佩戴磁场对身体有宜的天珠。

活性、惰性之说来自明清学者，但没有更详细说明，至尊老天珠的研究者将此做了诠释。从年代分析，惰性红花的大批涌现应在本教后期，之前也有朱砂覆盖现象，但时隔久远后，惰性转为活性了，千年以内的还不能转化。

第四节　红花沁的识别

一、活跃的红花沁

红花沁为至尊老天珠内部所独有，是生命、活力、朝气的象征，是具有生命的活性物质，是能够在特殊材质中生存、聚积、分散、结合的非常活跃物质。

在红花沁形成之前，红花是处于分散状态，能看出最早是针状，有点能量了就开始分叉，然后变成蟹钳样在“拉帮结派”，抢夺弱者，待开始形成团状时，它们通常抢占一片片淡黄色像天鹅绒一样的地毯上，吸附着那里对它们有益的营养。当天鹅绒一样地毯被折腾得没了颜色的时候，它们突然张开蟹钳，争抢着将一种黑色沁包裹起来，将其当成花蕊，这时的红花沁真的像修成正果一样。成为鲜艳的红花沁。

(8-4-1)

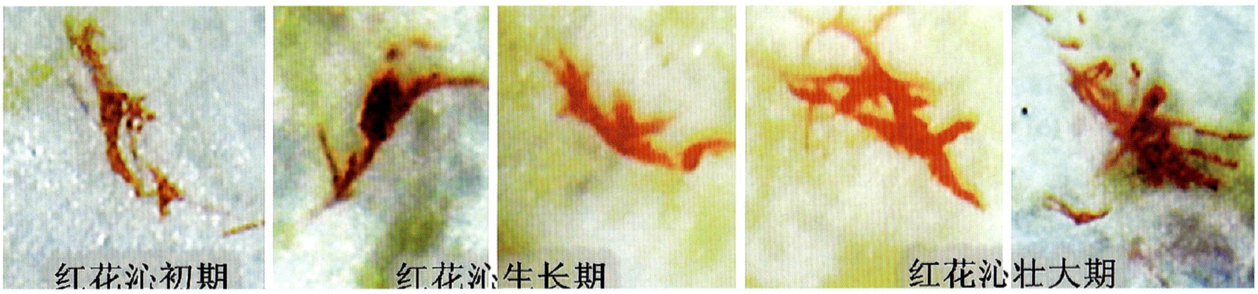

第一步朱砂红花沁形成初期的形状　　第二步开始收拢，形成小圆状

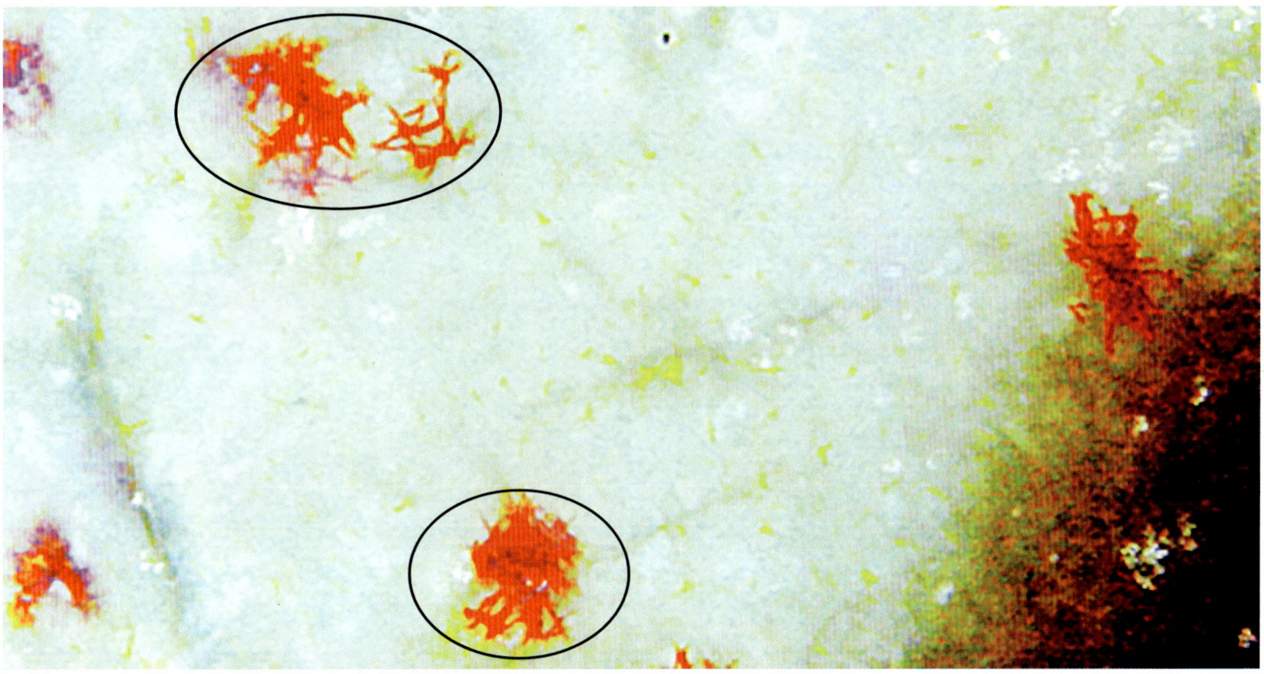

二、不可理解的红花沁

大红花沁总是有规律的自动圈成圆形，显示出有一种神奇的力量。

（8-4-2）

（8-4-3）

三、神奇的舍利红花

天珠内部的朱砂沁与玉器中朱砂沁区别很大，所以天珠学者试图将朱砂沁、朱砂红花沁。红花沁，将鲜艳夺目的大红花称为舍利红花沁。想区别这几种叫法，认识实物要经过学习方可。

红花沁形成的过程是从点开始，经过一段时间“点”状会伸展变成“针”状，再经过一段时间,“针”状会变成“线”状，然后“线”状会变成“片”状，然后“片”状变成“齿”状，最后“齿”状与“齿”状在相互竞争、相互吸引、相互组合、相互依存的情况下，产生一朵鲜艳夺目的大花朵。这个过程需要2600年至3200年的时间。

同样是朱砂点，有的点再经500年有可能变成红花或黄花，有的经过千年也变不了。

本书将朱砂红色花沁称为红花沁，称红花沁是与朱砂红花沁要有区别。红花沁都得要1800年左右的时间才能出现。这就是天珠断代秘诀，要想掌握此法只有对照实物审视练习。

老天珠的沁色与古玉一样，都有一定的规律，也分为土沁其颜色为黄色泌、水沁其颜色为白色、血沁其颜色为红色、铜沁其颜色为绿色沁和水银沁其颜色为黑色等多种。

(8-4-4)

红花沁与朱砂沁有着本质的区别：

1、红花沁是由里向外生长，朱砂沁是由外向里浸入。

2、红花沁是顺磁物质，朱砂沁是抗磁物质。

（8-4-5）这种活性红花沁活泼好动，像无数小金鱼样的小红花

（8-4-6）红花沁在水银沁中依然鲜艳

历代古玉专家都对朱砂沁有很深的研究，不仅仅是因为那沁色鲜红艳丽，主要是里面蕴藏的离奇、神秘始终琢磨不透，而又十分难以破译的课题。

(8-4-7)

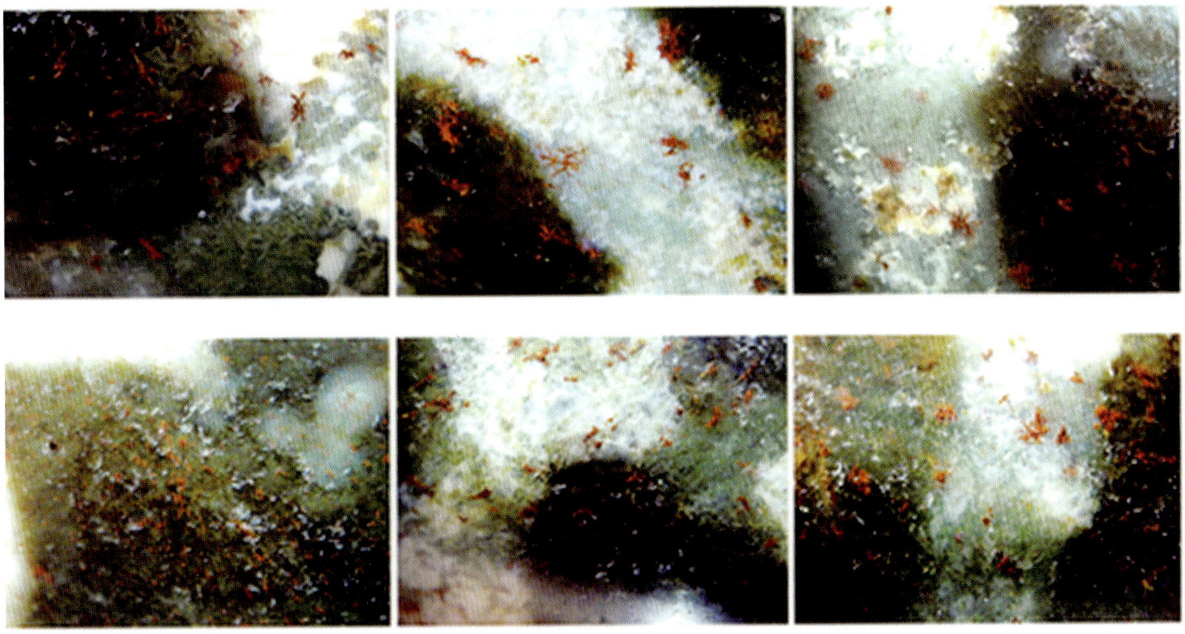

在这里要告诉读者的秘密是，天珠中的朱砂有点、线、片、堆、朵多种形态的区别，有多种不同的颜色。但是，朱砂本性的区别则是最主要的。有些朱砂是有灵性的，有的朱砂则惰性十足。

(8-4-8) 红花是由多个叶齿状、片状组成

（8-4-9）红花是由多个叶齿状、片状组成

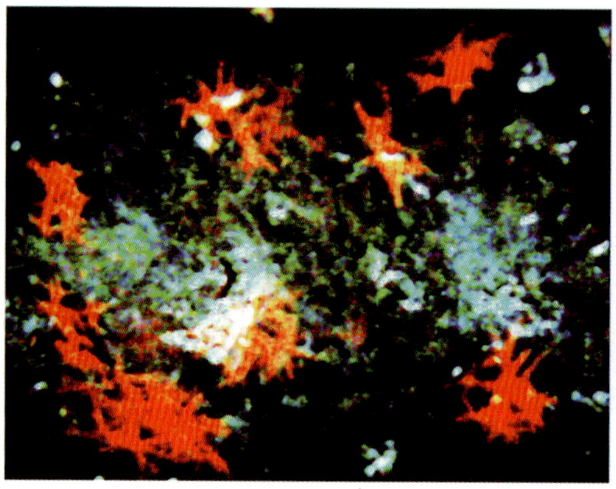

（8-4-10）舍利红花

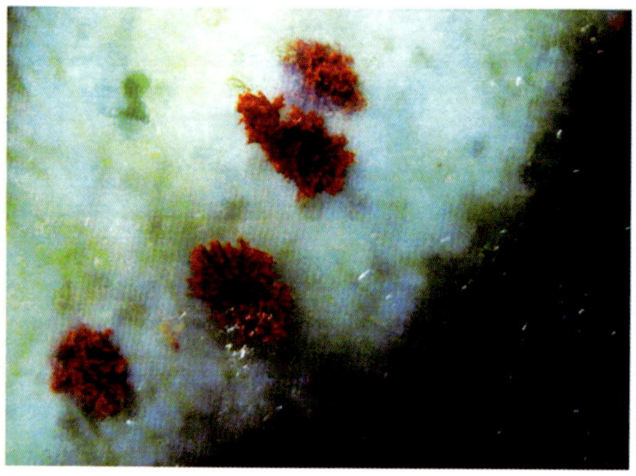

至尊老天珠，最能别于其它任何天珠的特点就是红花沁，那是其它天珠所不具备的，不能仿制的独有特殊标志。这种红花沁生机蓬勃，红色鲜亮，有分叉向聚团变动，让人看了就有触摸之意、珍藏之情。

（8-4-11）舍利红花

四、神奇的能量圈

（一）能量圈概述

不是所有的天珠爱好者、收藏家、研究者都能有幸看到天珠内部神奇的能量圈。所以在此不厌其烦的用大量图片请读者赏识。

天珠图腾中对“〇”形符号的喻意，是防止灾难、转化噩运、消除障碍标志。而至尊老天珠的内部会出现形态各异、大小不一的圆形。那圆似乎是用圆规画出来的。一旦修成圆形其边缘则渐渐与其它物质界线分明。那是通过挣扎、聚敛才能形成的蓝白色圆圈。这圆圈对红花沁的呵护关爱有佳，比较宽容。仔细持久观察，你会发现，蓝白色的天珠能量圈，对于红花沁是留在圈里还是圈外，好像是由其自己选择。棕黑色能量圈则霸气十足，不留给红花沁选择机会，挣脱不掉的红花沁都一一的圈在棕黑色的圆圈里。然后，红花则慢慢变为深褐色，变得不鲜艳了。这一切都是很有趣的发现，研究者拟设专门机构，将对天珠圆圈的神秘现象进行跟踪探索，那圆圈到底说明什么？是防止灾难、转化噩运、消除障碍？还是对人体隐患的疾病给予调解？还是与天外文明发出沟通的信号等等。这一切，则是我们当今要研究探讨的课题。

（二）能量圈有趣的行为

至尊老天珠的能量圈，是其它材质天珠所不具备的特别象征。圈的形成过程，也不是一帆风顺的，红花沁会挣脱圈的束缚。当能量圈未全面形成时，里面约有十五颗左右的红花，但形成圈后，红花沁则少了很多。圆弧里的沁在努力挣扎，似乎是向外逃脱。棕黑色圈，则把红花沁牢牢的圈住。棕黑色圈的力量能让红沁色在黑圈内形成内圈；圈与圈之间不能兼并，弱者在用力挣脱。

为了让读者细心观察，本节选择几幅图供欣赏。

能量俱足的至尊老天珠内部有一种非人所为的圆圈，像似用圆规画出来的一样。圆弧上扒着欲罢不能的红花沁。

（8-4-12）朱砂红花沁扒在弧线上，外面的红花好象在招唤着里面的红花。

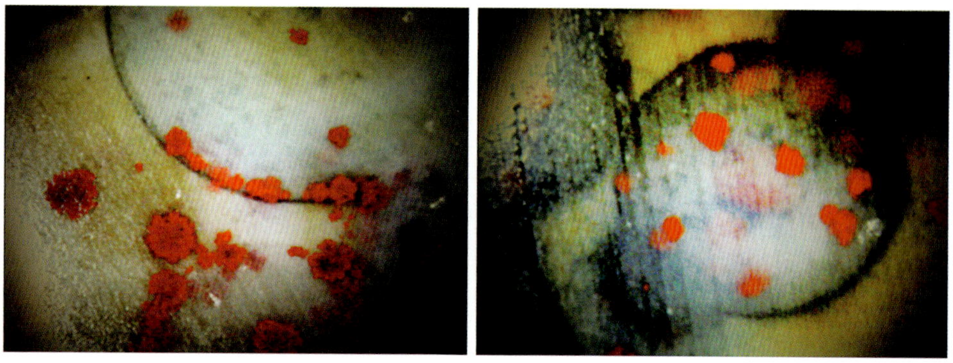

（8-4-13）这个黑色圆有点恶，被它圈占的红花都暗淡无光了。

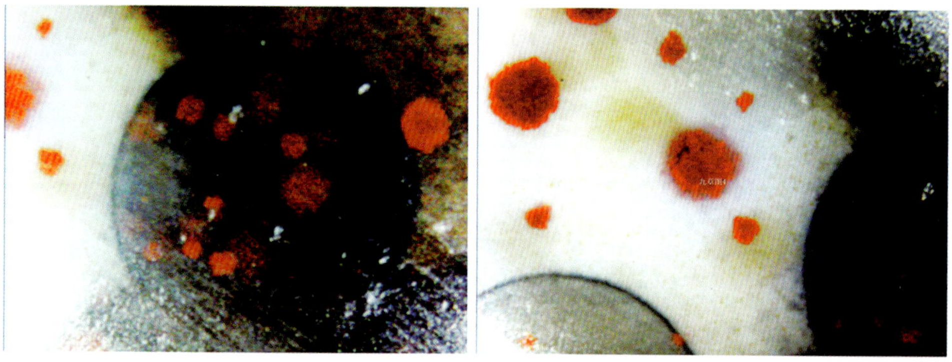

（8-4-14）这个圆快挣脱成功了，为什么想另立门户。这就是我们要研究的。

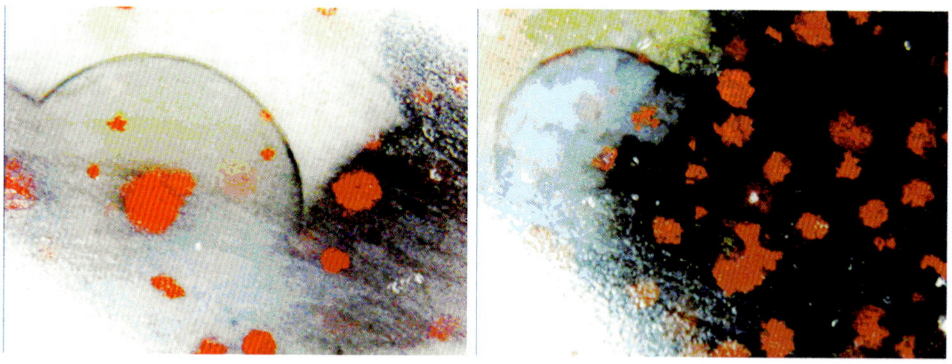

（8-4-15）是同一种属，仍然要各自独立。大概是因为个自都占有了红花。

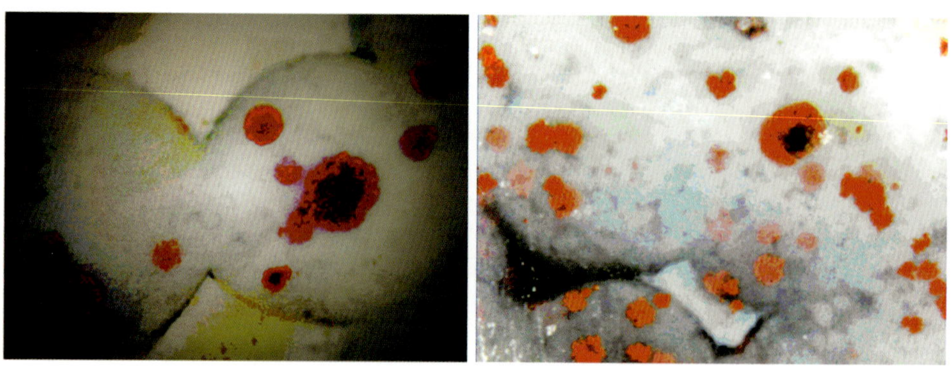

第五节　绿铜沁识别

一、绿铜沁的形成

科学认为绿铜沁的形成，只能是在碱式碳酸铜的电解条件下，才能出现绿色。那么也就是说天珠中有金属阳离子成分，和铜金属氧化后的阳离子长期接触后，在氧化的气氛下，发生了电解过程，从而产生了沁色现象。有的沁色是一种由外向里的浸润，而绿铜沁则是在氧化条件下，通过电解阳离子交换的过程，最终产生的绿铜沁。形成绿铜沁要千年以上。

二、绿铜沁特征

古人命名的沁色中，铜沁比较准确，因与青铜器相关，铜锈会产生绿色沁。真的铜沁必然浓淡不匀且加有丝缕状色带。

铜沁绿在天珠中视为诸沁色之首，沁色有浓绿、淡绿、浅蓝等多种，十分娇嫩，且喜爱流动，易溶于水。

天珠出现绿铜沁，会在细薄边缘处显现有一些透光感。

（一）绿铜沁是多边形的

（8-5-1）绿铜沁的边缘是多边而又不规则形，偶见弧度边缘多是水沁的侵占。

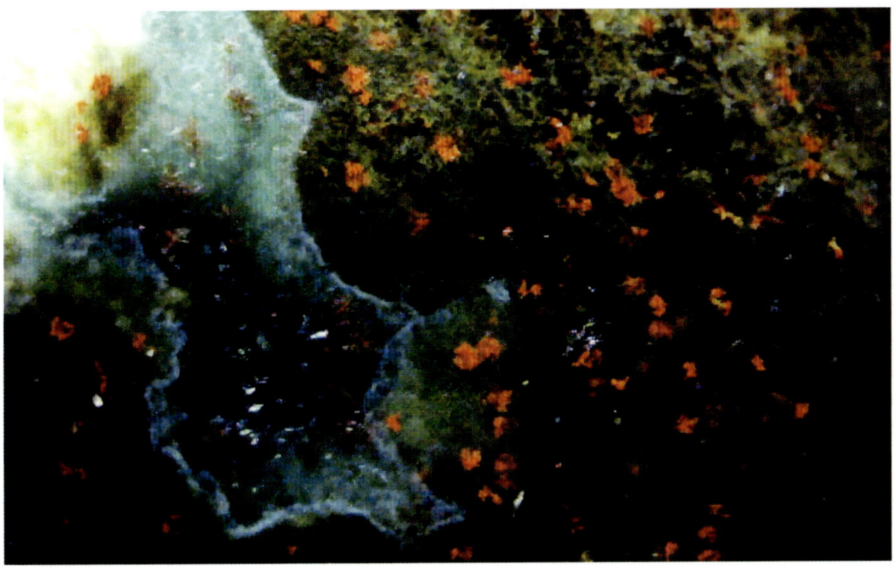

（二）绿铜沁的变化

(8-5-2) 绿铜沁时常会生出黄色沁、红花沁。

（三）绿铜沁的活动性

(8-5-3) 绿铜沁晕散使周围絮状水草变成浅绿色。

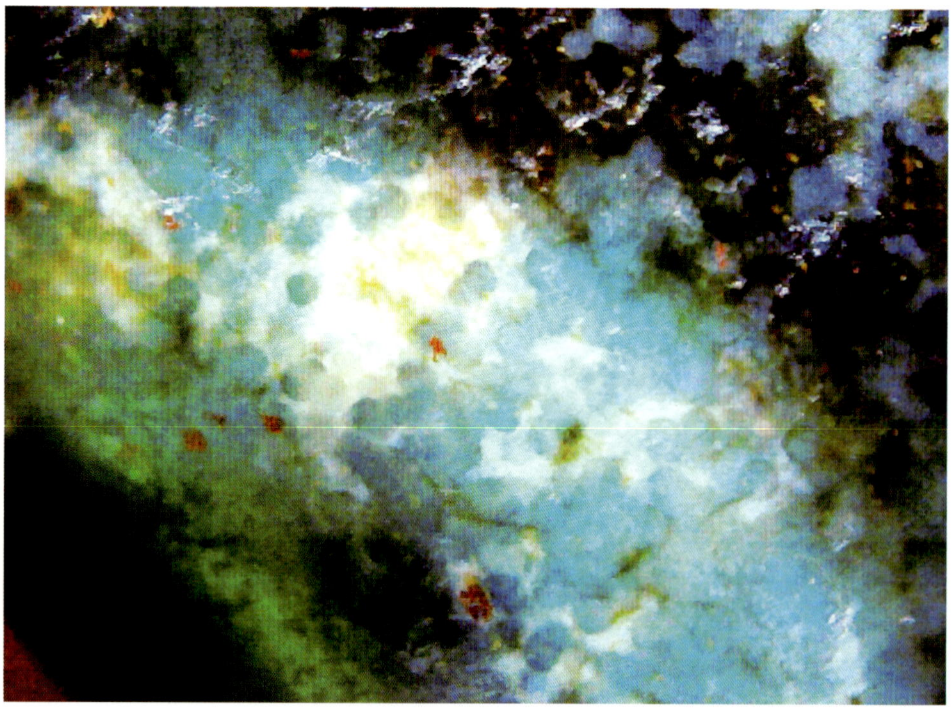

（8-5-4）

三、绿铜沁受到干扰

（8-5-5）在绿铜沁的区域里，因为碰伤出现了水银沁使其分子结构构松散一边浅淡一边浅蓝色。

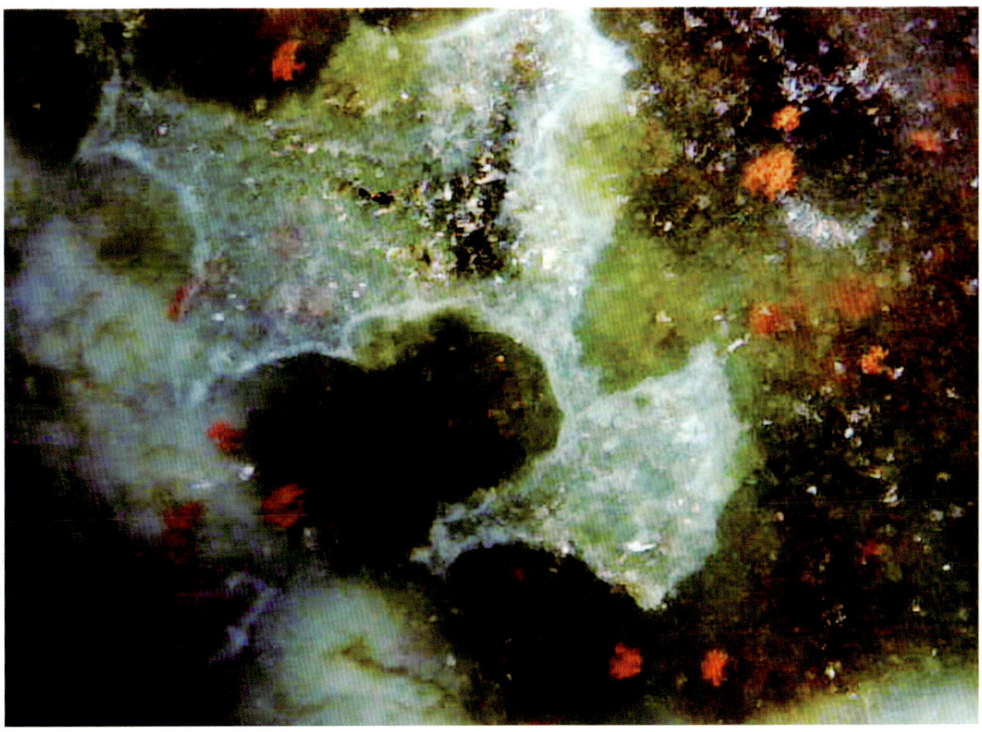

四、流动的绿铜沁

（8-5-6）绿铜沁会像活水一样流动。

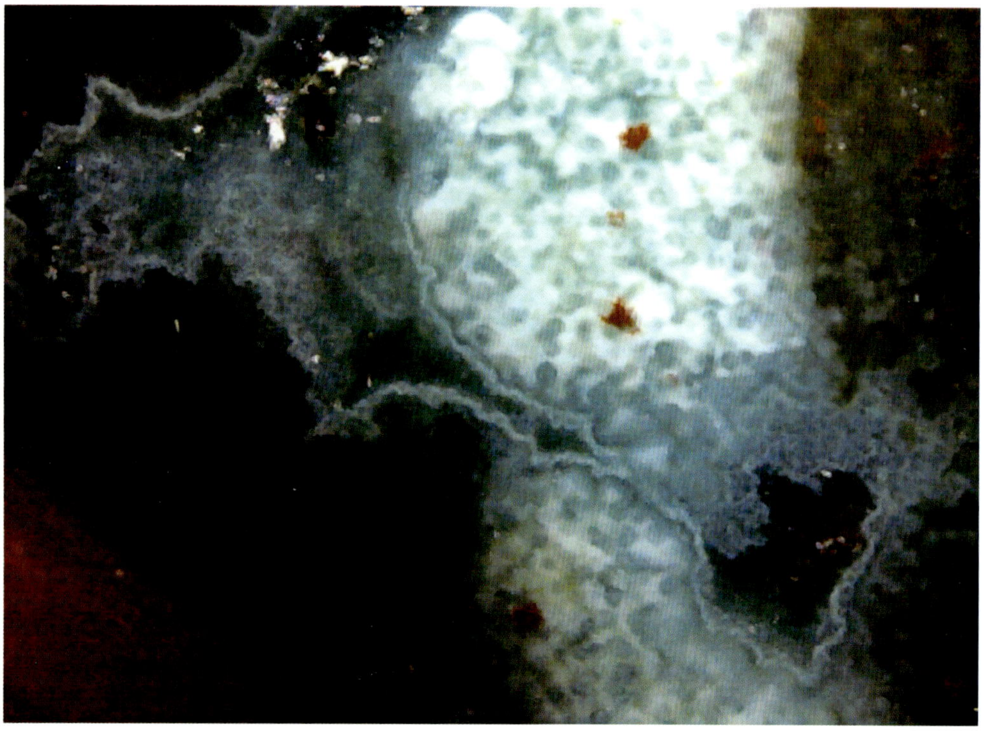

（8-5-7）

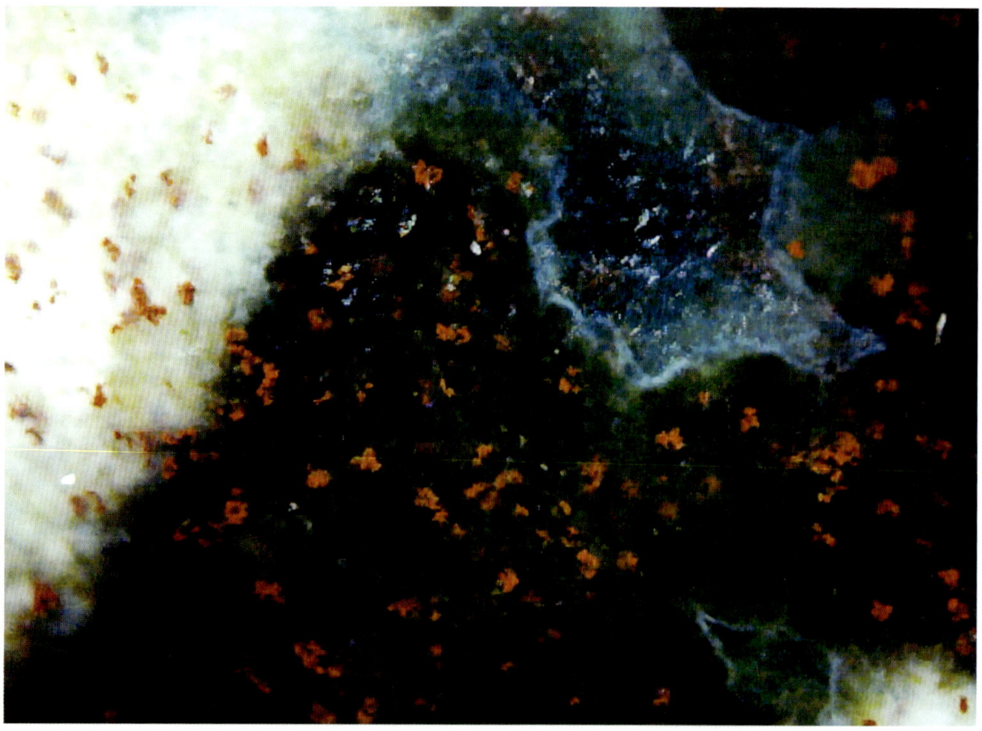

第六节　纹线识别

一、天珠纹线断代初步

九眼天珠拐弯形状的变化，不是随意变动的，那是“雍仲恰幸”（“卍”）万字图形的变相，象征着无变无灭、胜义无生、世俗无灭、降灭邪见的殊胜。将“雍仲恰幸”溶入到九眼天珠，充分展示了九眼天珠线条图腾的寓意。

本教认为“卍”是宇宙的中心，是顺应日月星辰的自然转向。

“卍”似银河系四条美丽的旋臂，体现了“永恒不变”、“善妙”、“吉祥”之意；

“卍”雍仲这个符号象征着集中的能量。

九眼也体现了“九乘次第”无上圆满。从这里我们找到了九眼天珠在人们眼里珍贵的原因。并不是因为眼多，而是喻意深厚。

可是九眼天珠中的线，却有着多种变化，这变化不是无缘无故，而是随政局的变化而变化，随着需要而改动，线条出现直角与抹角的不同。从工艺上看似乎抹角早于直角，从意义上看似乎抹角与直角一直处于争论之中。这给后人留下了很多不解。在此为读者提供了大量九眼天珠线条变异实图，以飨（xiǎng）读者。

（8-6-1）单杠九眼，留头适中，拐弯抹角

（8-6-2）双杠九眼，中留头，拐弯抹角

（8-6-3）单扛九眼，窄留头，直角

（8-6-4）三扛九眼，宽留头，直角抹角混杂

二、天珠纹线痕迹识别

至尊老天珠的纹线有如印染珠体效果，纹线颜色隐褪后往往只留下印痕。那种用藏草药汁制作的药水画上去才能有的效果。而酸碱镶蚀的纹线剥落后有侵蚀的痕迹。

附：断珠秘诀

◎天珠珠体的颜色与年代无关，与生存环境有关。

◎断天珠出处秘诀（九）：装藏天珠生绿，大坑天珠出酱，供佛天珠多黑，传世之珠多亮

◎相至尊天珠之法（十三）：视其沁色多寡，摸其珠体润滑，察其凹陷缺损，品其神韵升发，感其千载传情，观其图腾精华。

◎辨别沁色秘诀：真沁不外露彰显，惰沁却堆积如山。

第九章

天珠趣谈

天珠的神奇，在于造形虚静灵巧、和谐泰然；在于几千年正能量的聚集待放；在于内涵幻空幻影、若神若仙；在于历代收藏家对天珠寄托着玄远之思的神奇境界。

——编 者

第一节 天珠的未来

一、天珠是人们都喜爱的收藏品

几千年以来，天珠只在藏区被藏民们尊崇敬仰，外地人对天珠的关注只是近三、四十年的事。上世纪中期西方探险家游历西藏，才开始注意到神秘的天珠。30年前台湾因经济腾飞，富有者在笃信藏传佛教的同时也喜欢上了历史悠久的天珠。纷纷前往藏地寻找，那时是用以比现在少很多的价格请养西藏老天珠，据说台湾知名企业家都拥有颇多收藏。除了台湾人以外，香港很多人也开始热衷于天珠，近年大陆经济高速发展，天珠收藏者也多了起来。在欧美地区，天珠收藏群体比较大，大多都是由于有宗教信仰而收藏天珠。天珠已经成为世界爱好者共同的收藏品。

天珠收藏家说：前些年在藏地收一颗天珠要花四万元钱左右，而现在收一颗老天珠要三、四十万甚至几百万。

国外天珠爱好者透露，热衷于天珠收藏的人在世界各地随处可见。有越来越火的趋势，相信天珠收藏不仅仅是出于对宗教的信奉，更多的原因还是天珠具备可传世保值的意义。

日本商人看到了天珠的未来前景，曾在西藏设置日本银行的驻点，用天珠做为抵押的方式收购了大量的天珠。现在在藏区的天珠店铺里找一颗老天珠很难了。

没有人明白天珠的价格为什么从上世纪八十年代到现在几乎没出现过下跌的情况？而且随着对天珠认知程度不断扩大，价格一直呈现加速增长趋势。因其存世稀少不可复制而珍贵。自2006年进入拍卖市场，就倍受收藏家和信仰者追捧，2009年12月6日北京中嘉拍卖的一颗三棱护法天珠5千万成交，同一天又拍卖朱砂大九眼天珠4千万成交；同时拍卖的三色如意天珠3千6百万成交；拍卖的巨大十二眼天珠1千5百万成交。2012年5月27日，北京翰海拍卖的十二眼天珠1千8百40万成交；从天珠拍卖成交额能看出国人对天珠的宗教价值、文物价值、研究价值、经济价值等认同的程度。这是天珠应有价值的回归，使天珠重新回归到了贵族时代。历史再次表明，只有有实力、有眼力、有品位、有福报的人才可能拥有天珠。有人断言，在今后的20至30年内，天珠的行情和趋势必然一路高歌，价格会节节飙升。

现今，西藏企业家感觉到天珠大量向外地流动的危急，开始以高价收回许多珍贵且品相极佳的天珠，试图带动天珠在藏区民间的流通与经济价值回归。

二、喜欢天珠的理由

1、历代天珠爱好者共同认为，老天珠具有超自然的神奇能量，所以许多人才不惜巨资购买老天珠随身佩戴，求取富贵健康长寿。

2、有人称天珠是“宝石之外的宝石”，它有独特的多种沁色，拥有非凡的加持力，包含宗教的人情味与神秘情结。当今社会，西藏天珠成了时髦的饰品，人们为得到一颗天珠而自豪，更是身份与权力的象征，特别是那些有特殊沁色的至尊老天珠。

3、藏民族视天珠为上天赐予的吉祥宝物，是超自然之物，和生命一样重要，以至世代收藏供养。而今，西藏天珠更以其神妙无比的功益、与日俱增的收藏价值，在全世界享有更高的盛誉。

4、天珠是西藏地域文化的象征，而被世界各国所重视，通过研究和介绍，“天珠已成为倍受全球人们推崇的护身宝物。

5、在格萨尔王的传记中，清楚的记载了格萨尔王开启并埋藏天珠伏藏时所发的誓愿：“愿天珠聚集于本尊和上师的手中，愿护法神守护天珠，直到有福德的弟子来临时再交付到此人手中。”因此西藏人认为，拥有一颗天珠是累世修持积累福报显现的结果，今生如果得到一颗天珠，从某种意义上来说也是修法成功的一种征兆。因为天珠的能量足以补足任何五行先天命气的缺陷，获得身、命、运势和福慧以及财力的磁场加持，使得佩戴者身心自在、顺心如愿，这样的珍贵圣物，当然需要有修持的福报才能获得。

三、纳粹党旗与雍仲恰辛图腾

多年来，人们对天珠的认识始终处于迷茫状态，没有系统的理论依据，没有传承的制作技术。早在上世纪40年代，纳粹德国派两批探险队跋山涉水到西藏寻找天珠。那是经过希特勒亲自批准的探险队，派出方方面面的科学家，其目的至今也没有人知道。但这一行为确实让天珠爱好者多了一份惊喜。至少让天珠爱好者知道纳粹德国对天珠很重视，至少让天珠爱好者知道上世纪40年代德国就知道西藏有神奇的天珠。本来是雍仲本教3000多年前的图腾，却成为纳粹党旗。我们不说其发动战争的罪行，从天珠缘起角度是值得我们思考。那就是说天珠有着悠久的历史，有着深厚的文化。当我们发现至尊老天珠，尤其看到至尊老天珠显微图片时，无不为之震撼。所以中华民族子孙人人都有责任将天珠文化发扬光大，让世界了解中国的天珠文化。

第二节 天珠的争议

一、天珠传统制造工艺质疑

很多文章提到天珠的古法蚀刻工艺已经失传，对此说法存在异议。西藏地理位置特殊，可以说没有遭到过重大战争灾难，即使英军入侵，也以失败告终，佛教寺庙均保存完好。

很多传统工艺的消失，多是因为战乱或先进工艺的出现，或老工艺失去经济价值等等原因。但是天珠的制作工艺则不存在这些问题。天珠从佛本合并到分离，一直得到认可。是寓意神奇不可或缺的宗教物品。大多藏传佛教用品主要来源是僧侣制作，或藏人为寺庙制作的，是世代传承的。不存在工艺失传之说。

在制作时，藏人是怀着虔诚的心去做的，无半点马虎。现代技术发展迅猛，电动工具很普遍了，但是在宗教用品的制作上，他们一直使用着原始的手工工艺。绝不会使用轰鸣的电动工具。一方面是藏人自己认为佛教用品是神圣的，另外寺庙也不允许使用电动工具。

藏人在制作佛教用品上不存在后继无人的问题，以后怎样不知道，但在此前是不会出现后继无人而失传的。

宗教用品也是藏人主要的生活用品，主要来源是寺庙赐予的。基本不会自己去购买旅游纪念品去朝拜的。藏人将自己的财物捐献给庙里，庙里也会给他们宗教用品。这些东西由于长年使用，会损坏，但是庙里还是会制作发放的。

现在藏人手里还有很大的天珠存量，这说明有未发现的天珠在不断补充进来，不然真是早就绝迹了。因此可以推测出古法天珠制作工艺并没有失传，只是比较神秘罢了。

二、天珠的新老及图腾价值

有人认为天珠分古老天珠（原来利用天然纹路制作的图腾）、老天珠（出现老包浆，风化纹等）、新天珠（同样使用古法工艺制作，年代短的）、天珠工艺品（仿制品）。

有人认为九眼天珠最珍贵。按眼的多少和单双来分档次。其实这个和天珠的自身价值没有太大关系。天珠的制作工艺和材料，一眼和九眼没太大区别。但实际九眼要比一眼的珍贵得多，这和寺庙僧侣等级划分有关系，在寺庙里等级越高的僧人佩戴天珠眼数越多。藏人绝对不会自己做一个天珠，并当作圣物。

三、观察天珠的几个方面

天珠鉴别是从“料、工、泌、型、纹”几方面来观察：

天珠的“料”，多为玛瑙制品，但要有足够的硬度。

天珠的“工”，多是表面光滑古沉，但断代较难，且易分真假。天珠的穿孔及手工磨痕，只能说明它不是粗糙的仿品，但不能断定新老。

天珠内部的“沁”，很多专家将天珠的鱼鳞纹、马蹄纹与火供裂纹等做为断代依据，用此法断代不妥。鱼鳞纹、马蹄纹是因为材质有二氧化硅成分所为。

天珠的“型”，就那几处，对尺寸也没要求。只是越大越好。

一直以来，天珠界鉴别天珠新老的手段，却是空口无凭的臆造。其中一则说，“老天珠要黑白分明，纹路清楚，呈圆形为佳。”这是错误的鉴定标准。老天珠的纹路不可能是清晰的，老天珠应是纹线脱落，表面只留下用藏草药浸染过的印痕。老天珠不是黑白分明，而是纹线符号模糊不清，因为年代的久远，破损、断裂是不可避免的。

有人说天珠眼数越多价格越高，这是无稽之谈，老天珠以九眼为上。古时九眼天珠是限量生产，只有一定级别的人才能佩戴。史书记载天珠中天地天珠、九眼天珠、十二眼天珠、二十七眼天珠被视为上品。这些天珠都有特殊功效特殊用途。比如九眼天珠，是为做好治国执政、弄通佛法精要等的最佳伴侣。多为国王和大成就者佩戴，其功效难以言表。现在没有这个限制了，想生产几眼都行，哪种贵就生产哪种。但是现在生产的怎能与老天珠相比呢？

评价天珠年代一定要去掉人为制作的痕迹，眼的多少是人工制作形成，包桨好坏是人盘出来的，端口的大小不足以证明年代是否久远，因为仿造各种端口比仿造朱砂泌、风化纹要容易。所以，这些都不应做为天珠断代的标准。

气印欣赏

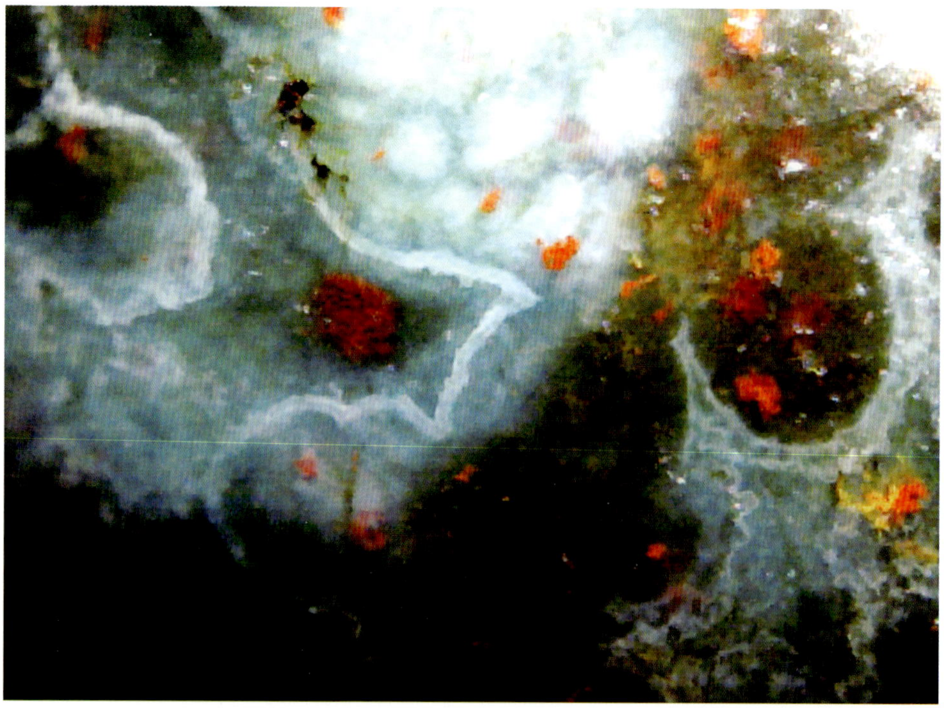

第三节　天珠众说

一、一则耐人寻味的传说

天珠的传说，多得不胜枚举，让人目不暇接，这则鲜为人知的故事，是出自一位高僧之口，他说：“很久以前，一个深冬的夜晚，在藏西南地区，有一块硕大石头带着五颜六色的光芒，发出震耳欲聋的巨响，从天而降。那巨石落地瞬间，出现了奇异现象。雪山上的积雪溶化，雪莲花盛开，白椰本花绽放，格桑花摇漪争艳，隆冬季节变得像春天一样的温暖。人们从四面八方拥来，顶礼膜拜，企求风调雨顺，身体康健。少倾，从巨石中飘出一阵徐徐微风，散发着浓郁馨香，跪拜信众顿感一股沁人肺腑的清爽。起身之时，腿疾者不再拖泥带水的行走，肺疾者不再咳嗽气喘，有毒瘤痈疽病者不再有疾病的痛苦，人们惊奇之际突然一声巨响，只见巨石崩裂，变成无数椭圆形珠体冲向天空，化作五彩石像下雨一'样洒落地上。高僧大德用五彩石制成了天珠为人间造福。”

这则传说，让听者对天珠肃然起敬。

二、对天珠虔诚的赞美

天珠是靠它独有的文化、特殊的魅力、灵验的功能、诱人的磁场，得到人们的认可。一但拥有一颗至尊老天珠，立即就会被天珠深不可测的内涵所吸引，就会立即了解它，熟悉它。 佩戴者都希望人生、事业、生命像天珠传承一样久远。

至今为止还没有任何一个物件能像天珠那样被人推崇到不可思议的程度。天珠穿越了几千年人类缔造的历史时空，将先哲们的智慧编织在亘古不变的“石头”做成的天珠上，护佑着世代对天珠敬仰的人们。可以说，是天珠参与了藏民族古老文明的缔造，是藏民族将天珠做为对天神、对佛崇拜的圣物世代相传。是天珠承载着几千年的日月精华，生生不息；是天珠记录着芸芸众生的生命轮回，喻人积德行善；是天珠证明着历代大成就者的功德，教化于民。天珠来源的传说很多，每一种传说都承载着对天珠的厚爱，担当着对天珠灵力愿望的托付，希望天珠能让其神秘能量幻化世间，展示给对天珠崇尚的人们。

三、天珠界的乱象

（一）有人说至今天珠也没有好坏高低之分

多少年来，人们一直想把天珠分出档次，却一直没能如愿。至纯天珠统领天珠几十年，让很多其它类天珠没有位置。至纯究竟有多好，也没有人说得清楚。有人说有朱砂点的天珠好，有风化纹的天珠老，接着就开始以天珠是有朱砂点、风化纹为重，找不到真的就仿造。直到有了较科学的说法，证实风化纹显示了材质松软，是二氧化硅的晶体结构碰撞造成的结果，而且也证明不了因为有风化纹才年代久远。一时风化纹的身价也就降下来了。朱砂点也是风行一时，连天珠店老板也不知真假了，后来有人可以用激光、镭射等方法把朱砂点造到天珠上时才恍然大悟， 原来朱砂点可以人造。

（二）至尊老天珠制作方法至今是个迷

至尊老天珠的纹线深浸珠体内部，纹线颜色隐退往往只留下印痕。这不是酸碱的镶蚀作用，而是那种用藏草药汁制作的药水画上去才有这样的效果。

其它材质的天珠很少有沁色出现。这是老天珠材质与其它材质天珠截然不同之处。

（三）天珠没有派别之争

天珠没有派别之争，喜欢哪种类型天珠只是爱好者习惯，以及对天珠的认知程度。因为不管什么材质天珠，其图腾都是遵循本教始祖辛绕米沃制定的天珠图腾。有人就喜欢里面没有任何沁色，外面看上去很顺眼的至纯天珠，有人就是喜欢内部有五彩缤纷沁色的至尊天珠， 这些都无可厚非。

（四）天珠探索依然继续

人们一直在寻找老天珠的制造工艺，寻找白本耶花、荣虹草等几十种藏草药汁沟兑的可以深印珠体的颜料画的图形，探索了几百年至今也没有结果。于是，天珠界一时群龙无首，理论混乱、鉴赏无据、收藏无品、优劣不辩。一时品类繁多，从人造天珠到料器天珠，从天眼石到九眼石页岩，从型一至型五天珠，从至纯到至尊无一不渗透人们寻找真正老天珠的踪迹。试想如果宿喀娘尼多吉的人造药用天珠，仅仅是一味药，我想决不会有那么多人去追求，如果让天眼石做为主流天珠，天珠收藏家就要改为奇石收藏家了。

（五）碳14技术不能为天珠断代

碳14的科学原理在《中国大百科全书•考古卷里解释说，碳-14是“利用死亡生物体中碳-14不断衰变的原理进行断代的技术”，“一切死亡的生物残体中的有机物以及未经风化的贝壳都可以用来测定年代”。很明显看出“生物体”、“有机物”才是碳-14技术的测定对象。碳-14断代技术是不能对陶瓷器、石质品等缺乏碳元素的文物进行断代检测的。而天珠是玛瑙矿石制作而成，不易用碳-14断代技术断代。

近年来，为了弥补碳-14技术不能对所有文物断代之不足，研究出放射性碳14断代、古地磁断代、热释光断代、树木年轮断代、铀系法断代等。其中像古地磁断代、热释光断代等技术对断代窑、炉、灶、砖、瓦、陶瓷等受过高温具有磁性的古代遗存，就可以测定出未知年代样品的考古年代来。我们期盼这项技术尽快用天珠断代。

近几十年或者更早，天珠的优劣不以沁做为衡量标准。只要求纹线黑白清晰，珠体没有碰撞等等一些无法做断代条件来断代，至使天珠市场一片混乱。

上世纪八十年代，为了让天珠能显示出沁色，让顾客认为是老天珠，商家曾经费尽心机，用激光、用镭射技术，为上好的玛瑙天珠制造出表面看着有朱砂点样子，这一招盛行了一二十年，让很多买主上当。直到至尊老天珠将内部展示出后，假造的朱砂点技术才收敛起来。

这里有一疑点：为什么珠商要在很漂亮的玛瑙天珠上制造朱砂点？他们在追寻什么？是不是在模仿至尊老天珠那鲜艳夺目的红花沁呢？

最后希望广大天珠爱好者、收藏家、研究者一起探索天珠的奥秘……

让我们再次高呼：

让世人了解天珠，让天珠走向世界。

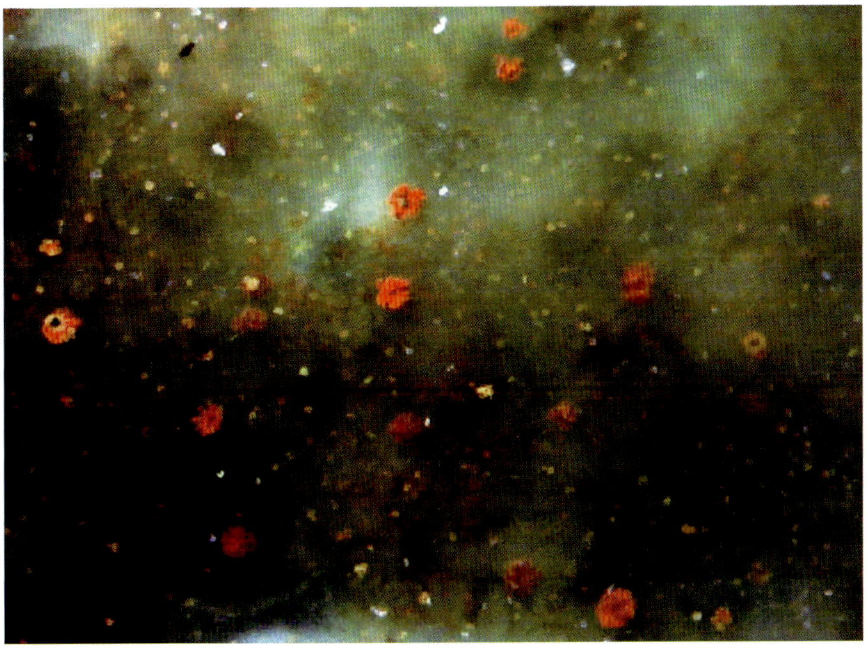

金钉沁欣赏

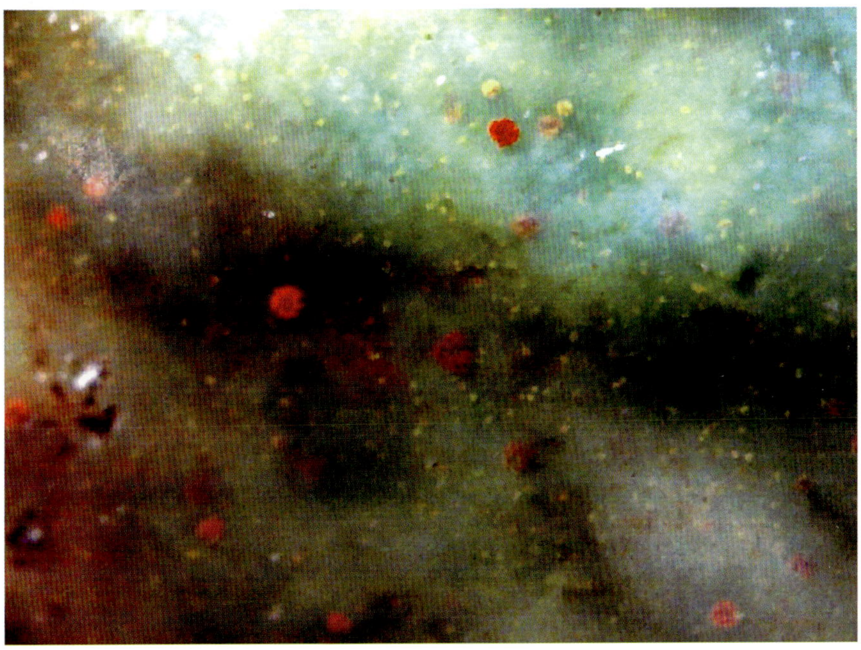

附：部分天珠常用词解释

◎**正明天珠：**试图将天珠制定一种规范衡定人人可鉴的标准，以飨后人。此举可堪称世纪工程。

◎**至纯天珠：**也称至真天珠，是品相上乘的代名词，多以型二制法天珠为基准。要求纹线清晰，黑白分明。至纯天珠内部很少有美轮美奂的沁色。

◎**至尊天珠：**相对至纯而言，有更高一筹的意思。新词，有替代天降石老天珠之意。是天珠品相中最高级别。天降石老天珠：是天珠爱好者对神奇而又不能下正确判断材质时的统称，也有认为此种就是特殊陨石制作的天珠，科学证明此类天珠多是陨石撞击热液成矿制作的天珠。

◎**瑟：**也称瑟珠。是古代藏族对天珠的称谓，至今仍在延用。唐代称“瑟瑟”。

◎**天眼珠：**是一种未经雕琢自然与天珠中眼形相似玛瑙材质的“石头”。后来爱好者丰富其文化，使之在天珠中有了一定的位置。

◎**崩系天珠：**就是旁系天珠。

◎**冲天珠：**是比至纯天珠差几个品级的天珠，也称次要天珠。

◎**留头：**有宽留头、中留头、窄留头之分，是描述天珠纹线状态的术语。

◎**杠：**有一杠、两杠、三杠之分，是描述天珠纹线状态的术语。

◎**红花沁：**是珠体由里向外自然生成的红色，似红花而得名。

◎**朱砂：**是指珠体表面残存的人为朱砂的痕迹，还没有达到沁的程度。

◎**大朱砂红花沁：**是惰性朱砂沁，进升一个或几个级别的表述，是由惰性向活性转化的象征。

◎**朱砂沁：**是指已经浸入珠体内部的人为朱砂，不是成堆状时的称谓。

◎**德·内贝斯基·沃科维茨：**奥地利藏学家于公元 1952 年出版《来自西藏的史前珠》颇受天珠爱好者关注。

◎**蒙古医生杰白多吉：**因用藏文撰写的《藏蒙医药学》一书提到天珠而著名。

◎**大宿喀娘尼多吉：**（1439 ~ 1476 年），是人造天珠入药的创始人。著有“天珠制造”一书。

◎**珠友：**是为天珠爱好者建立的，方便于交流、沟通天珠知识的网群。

◎**天珠鉴定证书：**是以鉴别天珠材质而做的证明，不起断代作用，也不可作为天珠等级考量标准。真正的天珠是非石、非玉、非玛瑙的特殊材料。

◎**天珠沁色等级：**舍利大红花是品相上乘，红花沁次之。原始须根沁品相上乘，后天形成的须根沁次之。大水泡沁能量圈品相上乘，小水泡次次之。

◎**善珠：**信众将刮取入药的天珠称为善珠，佩戴者不会因刮取入药破坏珠体美观而烦恼。

后记

《天珠宝典》问世，要感谢小卢西藏天珠厂厂长卢有德先生，是他从台湾找来多种不同版本天珠书籍，包括有关天珠方面的论文，以及台湾人翻译的日本天珠书籍，同时还请我们几次参观天珠生产过程。他所做的一切为《天珠宝典》问世奠定了坚实基础。虽然事隔几十年，依然记忆犹新，那时国内不见一本有关天珠方面的书。卢有德先生真是雪中送炭。在卢先生的大力支持下，终于完成了文字编撰工作。因为缺少大量天珠实物图片，书就这样搁置了。

2012年突然来了三位让人敬佩的天珠石研究、开发，创始人（赵仲发先生、赵旭先生、王丹女士），他们带来的海螺天珠，让我们大开眼界，继而又萌生了继续完成《天珠宝典》一书的想法。

2013年5月，在徐文生先生家里看了几十颗天珠的内部图片，并帮助徐先生编撰了《天珠珍藏宝典》一书。

回京后，我们（邢玉田先生、简政荣先生、雷静女士）共同完成此书。

编写之际，很多朋友将几十年收藏的天珠、研究心得，都贡献出来并溶入到此书的字里行间。

本书的出版得到世界资深知名人士和国内具有影响力的鉴赏家、收藏家鼎力支持并汲取他们很多建设性建议，在此由衷的感谢。

书中所聘请的高级顾问、顾问及编委、特约编委会全体成员，都是近十余年关心此书，为此书的完善提出很多宝贵修改建议的人，在此由衷的感谢。

在此特别感谢香港宝石集团控股有限公司领导及全体同仁为《天珠宝典》的出版所给予鼎力支持。感谢王京忠先生、殷丽娟女士为此书出版所付出一切努力。

本书由于种种原因出版仓促，偏颇或论及不到之处在所难免，敬请天珠爱好者、收藏家、研究者谅解并多提宝贵意见，直拨18632742983联系。此书若能起到抛砖引玉的效果足矣。

编 者

参考文献

《西藏天珠》		林东广著	藏传佛教文物	1997
《天珠精典》		仁钦·乌金著	曼达出版社	1996
《古域瑰宝》	《圣眼传奇》	张宏实著	台湾淑馨出版社	1996
《法相庄严》	《管窥天珠》	张宏实著	台湾淑馨出版社	1997
《催灿琉璃》	《战国古珠》	张宏实著	台湾淑馨出版社	1997
《藏珠之乐》		张宏实著	台湾淑馨出版社	1998
《宝石内含物鉴定学》		赖泰安著	赖泰安宝石顾问	1995
《中国古玉断代与辨伪》		周南泉著	文沛美术	1994
《西藏天珠》		郑奇芝著	三只小猪国际有限公司	1994

【1】《古老的象雄文明》 才让太 见《西藏研究》汉文版1985年第2期。

【2】《本教文献及其集成》才让太 见《中国藏学》汉文版1990年第2期。

图书在版编目（CIP）数据

天珠宝典 / 邢玉田，简政荣，雷静编著. -- 北京 : 中医古籍出版社，2015.2

ISBN 978-7-5152-0790-2

Ⅰ. ①天… Ⅱ. ①邢… ②简… ③雷… Ⅲ. ①宝石—基本知识 Ⅳ. ①TS933.21

中国版本图书馆CIP数据核字(2015)第031669号

责任编辑　朱定华
装帧设计　纪雪英　　张建丽
责任校对　田明玲
责任印制　高　伟

出版发行　中医古籍出版社

印 装 者　北京文海彩艺印刷有限公司
经　　销　全国新华书店
开　　本　210mm×285mm　　印　　张：16.75　　字　　数：370千字
版　　次　2015年2月第1版　　印　　次：2015年2月第1次印刷
印　　数　0001~5000册
书　　号　ISBN 978-7-5152-0790-2
定　　价　398.00 元